LA
MACHOIRE DES INSECTES

DÉTERMINATION DE LA PIÈCE DIRECTRICE

PAR

JOANNES CHATIN

Professeur adjoint à la Faculté des Sciences de l'Université de Paris
Membre de l'Académie de Médecine

PARIS

LIBRAIRIE J.-B. BAILLIÈRE ET FILS
19, Rue Hautefeuille, près du boulevard Saint-Germain

—

1897

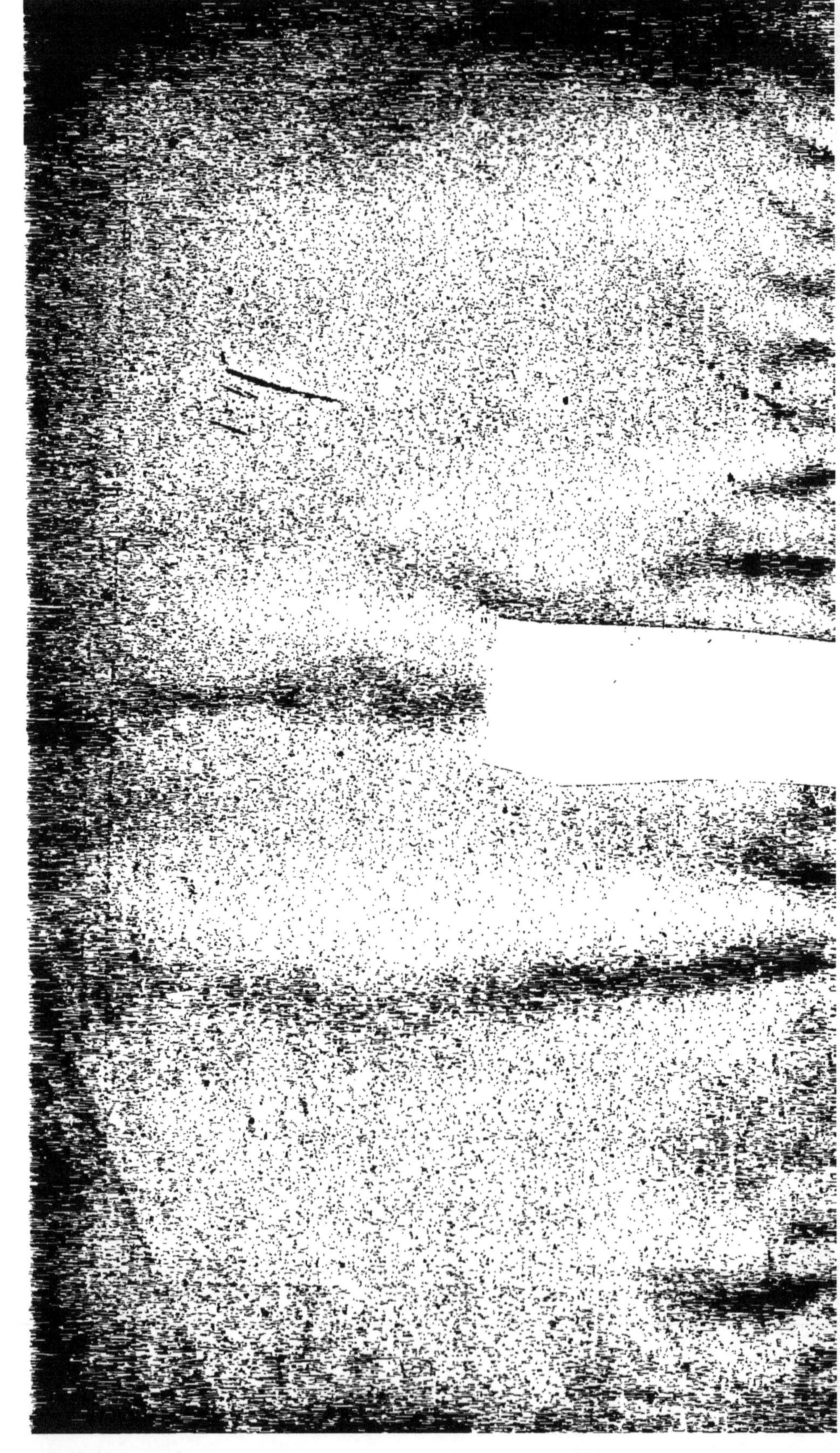

LA

MACHOIRE DES INSECTES

DU MÊME AUTEUR

———

Histoire anatomique des glandes odorantes des mammifères (carnassiers et rongeurs). 1873, gr. in-8, avec 9 planches.

Le bâtonnet optique chez les crustacés et les vers. 1877, gr. in-8, 81 pages, avec 3 planches coloriées.

Les organes des sens dans la série animale. Leçons d'anatomie comparée, professées à la Sorbonne. 1880, 1 vol. in-8 de 726 p., 136 figures.

De la chromatopsie chez les batraciens, les crustacés et les insectes. 1881, gr. in-8, 112 pages.

Structure et développement des bâtonnets antennaires chez la Vanesse paon-de-jour. 1883, in-4, avec 2 planches coloriées.

La trichine et la trichinose. 1883, 1 vol. in-8 de 282 pages, avec 11 planches.

Le noyau dans l'épithélium auditif des batraciens. 1884, in-4, avec 2 planches.

L'Anguillule de l'oignon. 1884, in-4, avec 2 planches coloriées.

L'Anguillule de la betterave. 1891, grand in-8, avec 9 planches.

La cellule animale, sa structure et sa vie, étude biologique et pratique. 1892, 1 vol. in-16 de 304 pages, avec 149 figures (*Bibl. scientif. contemp.*).

5296-96. — CORBEIL. Imprimerie Éd. Crété.

LA

MACHOIRE DES INSECTES

DÉTERMINATION DE LA PIÈCE DIRECTRICE

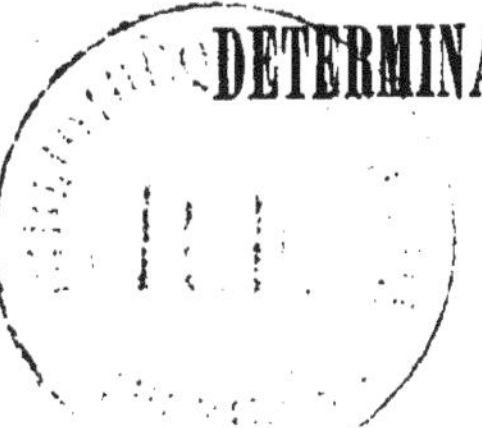

PAR

JOANNES CHATIN

Professeur adjoint à la Faculté des Sciences de l'Université de Paris
Membre de l'Académie de Médecine

PARIS

LIBRAIRIE J.-B. BAILLIÈRE ET FILS

19, Rue Hautefeuille, près du boulevard Saint-Germain

—

1897

PRÉFACE

Après avoir été brillamment cultivée pendant la première moitié du siècle, après avoir vu son domaine exploré par des observateurs d'un grand savoir et d'une remarquable sagacité, l'Anatomie philosophique semble, depuis lors, avoir été fort délaissée.

Elle n'en demeure pas moins une des branches les plus fécondes de la Biologie générale.

S'inspirant des faits recueillis par l'Embryologie et par l'Anatomie comparée, l'Anatomie philosophique peut aujourd'hui établir les liens par lesquels s'enchaînent les adaptations fonctionnelles des différents organes et les modifications qui en résultent.

Poursuivie par les voies de l'analyse morphographique, l'étude des organes s'éclaire d'une vive lumière. D'importantes conclusions s'en déduisent, d'instructifs enseignements s'en dégagent; rarement le naturaliste goûte de plus vives satisfactions, rarement il se retrempe dans de plus sûres méthodes. J'ai pu maintes fois m'en convaincre ; aussi, tout en faisant dans mes recherches une large part à l'Histologie, n'ai-je cessé d'y donner place à l'Anatomie philosophique.

Elle a inspiré le présent Mémoire, qui, par plusieurs points, se rattache à une longue série de travaux publiés, de 1879 à 1887, sur l'armature buccale, spécialement chez les Insectes Broyeurs et chez les Hyménoptères.

Savigny avait fait connaître les traits généraux de cet appareil; Brullé avait tenté d'en pousser plus loin l'examen, mais n'avait tracé que quelques esquisses, d'ailleurs fort intéressantes.

A mon tour, et conservant la terminologie de Brullé, je m'étais efforcé de décrire, non plus simplement les organes buccaux, mais les pièces élémentaires qui les constituent; les résultats ainsi obtenus ont permis d'apprécier exactement les dispositions fondamentales, aussi bien que les variations secondaires des mâchoires, des mandibules, des lèvres, etc.

Tel était le but que je m'étais proposé; mais, à peine l'avais-je atteint, que surgirent de nouveaux problèmes : quelle était la valeur respective des diverses pièces formatrices? comment intervenaient-elles lors des transformations de l'organe? l'une d'elles ne s'affirmait-elle pas comme prééminente? cette pièce directrice était-elle constamment la même dans la mâchoire, la mandibule, le labium?

Tout un nouveau programme de recherches se développait ainsi.

Plusieurs autres travaux ne m'ayant pas permis de le remplir aussi promptement que je l'eusse désiré, je dois me borner à en résumer actuellement la partie traitant de la mâchoire considérée sous les différents points de vue qui viennent d'être exposés.

L'analyse morphographique révèle tant de faits nouveaux que ceux-ci élucident souvent, en dehors du sujet spécial que l'on examine, diverses questions plus ou moins connexes. L'examen de la mâchoire conduit ainsi parfois à rectifier nombre de notions inexactes sur les autres organes buccaux dont les rapports et la signification s'affirment alors nettement.

J'ai pu surtout constater l'intérêt qui s'attache à ces études lorsque j'ai étendu mes observations aux divers groupes d'Insectes Broyeurs, Lécheurs et Suceurs. Si vaste qu'il pût paraître, ce cadre était insuffisant pour donner place à tous les détails qui devaient y figurer ; aussi ai-je recherché les types intermédiaires, établissant le passage entre plusieurs de ces formes organiques et permettant de les rapprocher plus étroitement.

J'aime à espérer que, de la sorte, on pourra aisément suivre la pièce directrice dans les divers états qui en assurent la différenciation et dans les modifications qu'elle imprime à la mâchoire, pour en déterminer la conformation et le mode de fonctionnement.

C'est ainsi que l'Anatomie philosophique s'affirme par la haute portée de ses enseignements, comme par la précision des résultats auxquels elle conduit.

Si restreinte que puisse être, en apparence, la question dont on lui demande la solution, elle ne tarde pas à en étendre les limites et à en développer les conséquences, apportant une ample moisson de faits nouveaux à l'histoire générale de l'Évolution.

Joannes Chatin.

1ᵉʳ octobre 1896.

LA
MACHOIRE DES INSECTES

PREMIÈRE PARTIE
INSECTES BROYEURS

1. — Constitution générale de la mâchoire.

Si l'on se reporte aux descriptions classiques de la mâchoire considérée chez les Insectes Broyeurs, on l'y voit apparaître comme se résumant en un « corps » sur lequel s'insère un « palpe maxillaire » émergeant de la face externe de l'organe.

En réalité, celui-ci est infiniment plus complexe : pour s'en convaincre, il suffit de l'étudier chez quelques types empruntés aux Coléoptères ou aux Orthoptères ; ces derniers sont même préférables : présentant les parties plus nettement distinctes, ils permettent d'acquérir, dès les premières observations, des notions fort exactes sur la maxille prise dans son ensemble.

Pour ne pas trop multiplier ces sujets d'exposition générale et préliminaire, je me borne à résumer la constitution de la mâchoire chez le Termite lucifuge (*Termes lucifugus* R.), le Grillon (*Gryllus domesticus* L.), le Perce-Oreille (*Forficula auricularia* L.) et la grande Sauterelle verte (*Locusta viridissima* L.).

I. — Termes lucifugus (fig. 1). — Commune dans l'Ouest et le Midi de la France, cette espèce se prête tout particulièrement à l'étude de la mâchoire.

Dès qu'on a désarticulé celle-ci et qu'on l'a séparée de la région jugale, on constate qu'elle est supportée par une pièce basilaire en forme de sandale. C'est le *sous-maxillaire* (fig. 1, *s. m*) : obliquement allongé, il offre une face inférieure sinueuse ; sa face opposée donne attache à la pièce suivante.

Le *maxillaire* (fig. 1, *m*) semble figurer le centre de la mâchoire, il s'élève ici comme une tige qui, s'appuyant sur le sous-maxillaire, va supporter les appendices de la mâchoire par l'intermédiaire du palpigère et du sous-galéa.

Le *palpigère* (fig. 1, *p. g*) ne peut souvent être distingué qu'à la suite d'une dissection minutieuse; ses dimensions sont toujours minimes et cette réduction mérite d'autant mieux d'être mentionnée qu'elle permet de pressentir comment ce palpigère deviendra, chez nombre d'Insectes, l'une des parties les plus inconstantes et les moins importantes de la mâchoire.

Le *palpe maxillaire* (fig. 1, *p*) est porté par le pal-

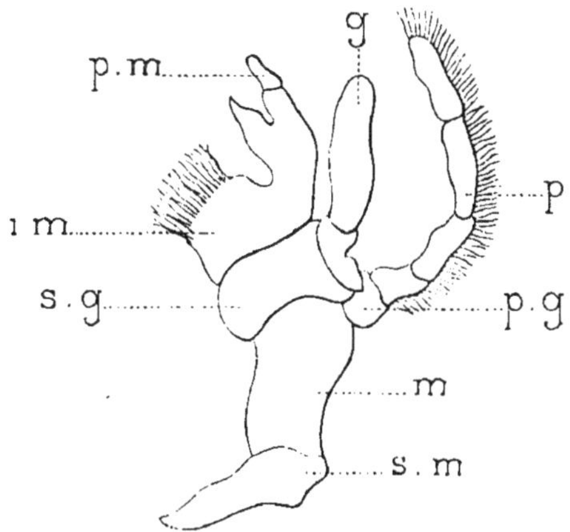

Fig. 1. — *Termes lucifugus*, Mâchoire : *s. m*, sous-maxillaire ; *m*, maxillaire ; *p. g*, palpigère ; *p*, palpe maxillaire ; *s. g*, sous-galéa ; *g*, galéa ; *i. m*, intermaxillaire ; *p. m*, prémaxillaire.

pigère qui tire son nom des rapports mêmes qu'il contracte avec cet appendice.

En raison de son développement, le palpe s'est constamment imposé à l'attention des observateurs. De toutes les pièces maxillaires, c'est la seule dont l'existence n'ait jamais été contestée. Ses dimensions varient pourtant dans de larges limites, ainsi que j'aurai l'occasion de l'établir en comparant le palpe chez divers types.

Dans la mâchoire du Termite lucifuge (fig. 1, *p*), il est assez long et formé de quatre articles superposés. Le premier article est généralement glabre, tandis que les trois autres sont couverts de soies ou de poils. Sur certains individus, on voit deux articles se confondre ; le nombre total des segments se trouve alors réduit à trois.

Le palpe et le palpigère s'élèvent au côté externe du maxillaire. Reprenons l'examen de celui-ci, en l'abordant par sa face supéro-interne : nous la voyons recouverte par une large pièce, le *sous-galéa* (fig. 1, *s. g*), qui s'excave pour s'articuler étroitement avec cette région du maxillaire.

Peu d'insectes se prêtent aussi bien que le Termite à l'étude du sous-galéa. De même que le palpigère, il est ailleurs fort réduit ou même absent, tandis qu'il revêt ici de grandes dimensions et affirme nettement ses rapports multiples : par sa face inférieure, il se fixe sur le maxillaire ; par sa face externe, il porte le galéa ; sa face supérieure donne insertion à l'intermaxillaire.

Ainsi qu'on vient de le voir, le *galéa* (fig. 1, *g*) s'insère sur la face externe et concave du sous-galéa.

Presque droit, n'offrant pas l'incurvation qui le

caractérisera chez la plupart des autres Broyeurs, le galéa répond ici, par son aspect, au « dactyle » de divers entomologistes. Il est formé de deux articles inégaux : l'article supérieur est de beaucoup le plus développé, contrairement à ce qui s'observera souvent. Néanmoins, par ses dimensions générales comme par ses rapports, le galéa du Termite représente une pièce importante de la mâchoire. Dès le premier examen, on le distingue aussitôt et l'on entrevoit l'intérêt qui s'attachera à son étude.

Le nom de l'*intermaxillaire* (fig. 1, *i. m*) rappelle sa situation et ses rapports : disposé au côté interne de la mâchoire, il constitue la région qui regarde la maxille opposée ; l'espace séparant, l'une de l'autre, les deux mâchoires, se trouve donc respectivement bordé par leurs intermaxillaires. On s'explique, dès lors, comment cette pièce est revêtue, sur son bord libre de poils, de saillies, etc., aptes à retenir la proie et à assurer la préhension des aliments.

Chez le Termite, ces dispositions se manifestent par l'épais feutrage de poils, d'aspérités dentiformes, etc., qui recouvrent le volumineux intermaxillaire.

Supérieurement, il se termine par une saillie articulaire qui porte une petite pièce qu'on pourrait, tout d'abord, considérer comme une simple dent apicilaire. En réalité, c'est une partie pleinement

distincte, le *prémaxillaire* (fig. 1, *p. m*), qui vient
ainsi compléter l'ensemble de la mâchoire.

On voit combien une semblable description diffère
du schéma, si longtemps classique, d'un corps
maxillaire flanqué d'un palpe. Même analysé succinctement, l'organe ne révèle pas moins de huit
pièces constitutives. Cette complexité n'est aucunement spéciale au Termite ; on la retrouve, en effet,
chez tel ou tel type pris parmi les Insectes voisins.

. II. — Gryllus domesticus (fig. 2). — Comparée à
celle du Termite, la mâchoire du Grillon est plus
grêle et moins puissante.

A la base se voit une pièce (fig. 2, *s. m*) surtout
développée en largeur ; sa face inférieure, sinueuse,
s'articule en ginglyme avec la région céphalique
voisine.

A ces caractères, comme à la situation et aux
rapports de cette pièce, on reconnaît le *sous-maxillaire*, plus réduit ici que chez le Termite.

Il est surmonté par le *maxillaire* (fig. 2, *m*), de
grandes dimensions, très étendu en hauteur.

Régulièrement incurvé sur sa face externe, le
maxillaire se montre fortement échancré dans la

partie inférieure de sa face interne, tandis que la
partie supérieure de cette même face devient notablement saillante.

La tubérosité ainsi formée n'est pas seulement
importante à mentionner pour la morphologie comparée de la mâchoire. Elle offre quelque intérêt

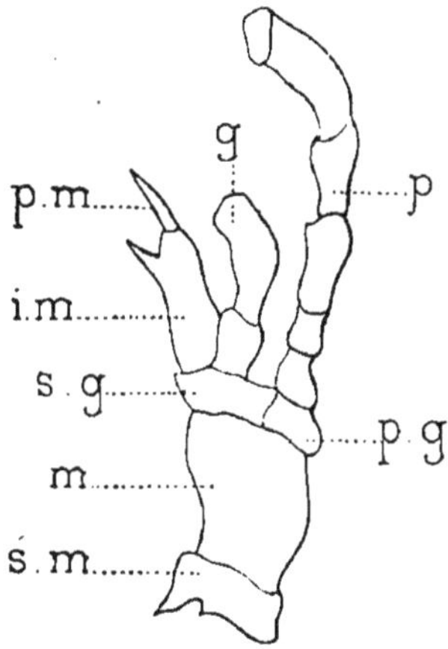

Fig. 2. — *Gryllus domesticus*, Mâchoire : *s. m*, sous-maxillaire ;
m, maxillaire ; *p. g*, palpigère ; *p*, palpe maxillaire ; *s. g*, so s-
galéa ; *g*, galéa ; *i. m*, intermaxillaire ; *p. m*, prémaxillaire.

physiologique : c'est grâce à cette saillie que le
maxillaire peut intervenir dans les mouvements de
préhension, secondant le jeu de l'intermaxillaire.

Sur sa face supérieure, le maxillaire porte le palpigère et le sous-galéa. L'insertion de ces pièces est
donc ici nettement normale. Le fait mérite d'être
relevé, car, chez de nombreux Insectes, le sous-galéa

et le palpigère sont rejetés latéralement ; tel était
le cas pour le palpigère du Termite.

Le *palpigère* (fig. 2, *p. g*) est d'ailleurs facile à distinguer chez le Grillon, en raison de sa forme et de
ses dimensions, notablement supérieures à celles du
premier article du palpe.

Fort allongé, incurvé de dehors en dedans, le
palpe maxillaire (fig. 2, *p*) compte de cinq à six
articles.

Ceux-ci sont dissemblables. Le troisième, le quatrième et le cinquième articles s'allongent au point
d'imprimer à l'ensemble un aspect tout spécial. Rarement le palpe offrira une pareille gracilité ; elle
se trouve encore accentuée, chez le Grillon, par la
brièveté du galéa. Le dernier article du palpe se
termine par une facette excavée.

Le *sous-galéa* (fig. 2, *s. g*) porte le galéa et l'intermaxillaire qui sont reçus dans des cavités articulaires, faiblement marquées.

Surtout développée dans le sens transversal, cette
pièce n'offre qu'une faible hauteur.

Le *galéa* (fig. 2, *g*) se compose de deux articles
qui, par leurs dimensions respectives, rappellent ce
qui était présenté par le Termite lucifuge.

En effet, de ces deux segments, le premier est le

plus réduit; l'autre s'allonge dans de grandes proportions et se recourbe de dehors en dedans. On doit toutefois remarquer qu'il n'accentue pas son rayon de courbure au point de dominer l'intermaxillaire et le prémaxillaire, ainsi qu'on l'observe sur divers Insectes.

Dans beaucoup d'entre eux, le *prémaxillaire* (fig. 2, *p. m*) sera rudimentaire ou même absent. Chez le Grillon, il s'affirme tout particulièrement, s'élevant comme un cône sur la partie apicilaire de l'intermaxillaire et formant, avec la dent latérale et supérieure de celui-ci, une sorte de double griffe dont la présence peut sembler anormale, mais dont l'origine s'explique aisément par les notions précédentes.

Moins complexe que dans diverses espèces voisines, l'*intermaxillaire* (fig. 2, *i. m*), ne laisse pourtant pas d'être assez développé.

Contrairement à ce qui se rencontre dans la plupart des cas, sa face interne, ou libre, est presque droite et uniforme. C'est seulement à sa partie supérieure qu'elle se relève pour former la dent qui vient d'être mentionnée comme voisine du prémaxillaire.

Pour recevoir la base de celui-ci, l'intermaxillaire porte supérieurement une petite facette oblique, d'autant plus large que le prémaxillaire atteint ici des dimensions exceptionnelles.

C'est même le développement spécial de cette pièce qui, se combinant avec la brièveté du galéa, comme avec la longueur et l'incurvation du palpe, imprime à la mâchoire du Grillon une physionomie particulière, mais nullement aberrante. On peut aisément s'en convaincre en rapprochant, du *Gryllus domesticus*, plusieurs autres espèces dont j'ai antérieurement décrit les pièces maxillaires.

III. — FORFICULA AURICULARIA (fig. 3). — Chez la Forficule, comme dans les types précédents, la mâchoire se trouve formée par des pièces qui ne sont pas seulement très aisées à distinguer, mais présentent des dispositions qu'on s'étonne de trouver si généralement méconnues.

Vulgaire entre toutes, cette espèce semblerait devoir être exactement appréciée dans la constitution de ses pièces buccales ; il n'en est cependant rien, et c'est à peine si nous possédons, sur leur histoire anatomique et morphologique, quelques vagues notions, trop souvent inconciliables. S'il en était besoin, l'étude de la mâchoire suffirait amplement à l'établir.

Commun dans les jardins et les vergers, facile à y capturer, le Perce-Oreille se prête parfaitement à des recherches du genre de celles qui se trouvent exposées ici : on glisse la pointe d'une aiguille à cataracte au-dessous de la base de la mâchoire, on coupe les ligaments et les muscles qui s'insèrent sur l'organe ; celui-ci étant ainsi détaché, on peut rapidement et sûrement examiner ses diverses parties.

De dimensions exceptionnelles, le *sous-maxillaire* (fig. 3, *s. m*) réclame surtout une attention spéciale en raison de son mode d'orientation : loin de s'étendre

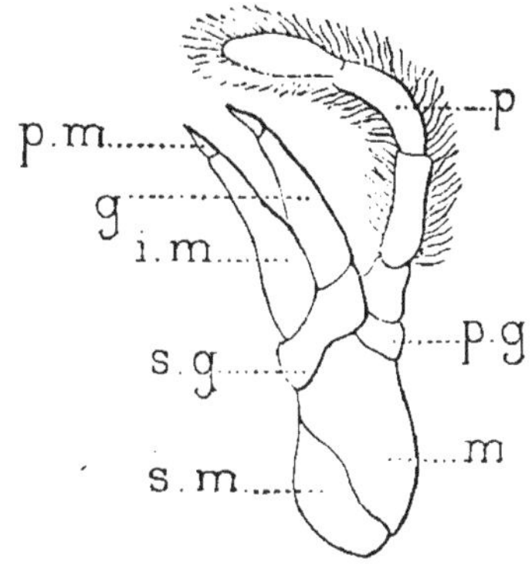

Fig. 3. — *Forficula auricularia*, Mâchoire : *s. m*, sous-maxillaire ; *m*, maxillaire ; *p. g*, palpigère ; *p*, palpe maxillaire ; *s. g*, sous-galéa ; *g*, galéa ; *i. m*, intermaxillaire ; *p. m*, prémaxillaire.

horizontalement, comme dans la plupart des espèces, il se trouve rejeté en dedans, si complètement qu'il s'en faut de peu que la surface articulaire du ginglyme ne soit fournie par le maxillaire ; cependant celui-ci n'atteint pas tout à fait la base de la mâchoire, et, par conséquent, n'a pas à suppléer le sous-maxillaire, bien qu'un examen superficiel semble autoriser une telle conclusion.

La situation, toute particulière, du sous-maxillaire

explique l'existence d'une saillie formée par sa partie inférieure et s'avançant à la base de la mâchoire, vers l'axe de l'orifice buccal.

Par sa position, comme par son origine, cette saillie est comparable à la tubérosité que porte souvent la partie inférieure de la mandibule et que Marcel de Serres désignait sous le nom de « molaire ». Pour l'homologie des organes buccaux, rien n'est plus intéressant, ni plus instructif, qu'un pareil rapprochement.

Large et puissant, le *maxillaire* (fig. 3, *m*) ne se développe plus en dedans comme chez le Grillon. C'est, au contraire, vers la face externe de la mâchoire qu'il offre sa plus grande extension.

Ici surtout il répond bien à la « côte dorsale » de Straus-Durckeim et rappelle des dispositions plus fréquentes sur la mandibule que sur la mâchoire, nouvelle particularité voisine de celle dont on vient de trouver la mention lors de la description du sous-maxillaire.

Le *palpigère* (fig. 3, *p. g*) est beaucoup plus réduit que chez le Grillon. On ne parvient même à le distinguer qu'à la suite d'une dissection attentive.

Le *palpe maxillaire* (fig. 3, *p*), très long, est fortement recourbé, de dehors en dedans.

Il compte quatre articles, couverts de longues
soies. Comparés dans leurs dimensions, ces articles
croissent de la base au sommet du palpe.

L'article terminal ou apicilaire est non seulement
le plus grand, mais le plus volumineux, car il se
renfle à son extrémité libre, d'où son aspect claviforme.

En raison du mode d'orientation du sous-maxillaire
et du maxillaire, le *sous-galéa* (fig. 3, *s. g.*), offre des
rapports assez spéciaux pour qu'il soit nécessaire de
les déterminer avec précision.

Normalement, ce sous-galéa devrait se fixer sur
le seul maxillaire ; mais, par suite de la position dorsale de celui-ci, il prend également insertion sur le
sous-maxillaire.

En morphologie comparée, il n'est pas de détail
négligeable ; on en trouve ici une nouvelle preuve :
les rapports, qui s'établissent entre le sous-maxillaire
et le sous-galéa, peuvent sembler secondaires ; ils ne
tarderont pas à acquérir une importance toute spéciale, pour l'exacte interprétation de divers organes
appendiculaires.

Considéré en lui-même, le sous-galéa est irrégulièrement prismatique ; il se trouve obliquement dirigé entre le palpigère en dehors, le maxillaire et le
sous-maxillaire en bas, le galéa et l'intermaxillaire
en haut.

Encore d'aspect digitiforme, mais plus grêle que chez le *Gryllus,* le *galéa* (fig. 3, *g*) est médiocrement développé.

Ses articles sont au nombre de deux. L'article inférieur est très long; l'article terminal, très court, se montre légèrement recourbé.

Dès le premier examen de la mâchoire du *Forficula auricularia*, on est frappé de l'extrême similitude offerte par le galéa d'une part, l'intermaxillaire et le prémaxillaire d'autre part. Impossible d'imaginer deux appendices plus comparables entre eux.

Dans sa forme, comme dans sa taille, comme dans son incurvation et son degré de courbure, l'*intermaxillaire* (fig. 3, *i. m*) semble identique au galéa. On serait, de même, tenté de lui reconnaître deux articles, l'un inférieur et l'autre apicilaire.

En réalité celui-ci est autonome, constituant une pièce distincte, le *prémaxillaire* (fig. 3, *p. m*) qui est beaucoup plus réduit que dans l'espèce précédente.

Ce n'est pas seulement par cette particularité que se caractérise la mâchoire du *Forficula auricularia*. On vient de voir quelles dispositions générales s'y manifestent : grande puissance et solidité exceptionnelle; situation et rapports des pièces basilaires (maxillaire et sous-maxillaire); incurvation des trois appendices (palpe, galéa, intermaxillaire); remarquable similitude du galéa et de l'intermaxillaire.

IV. — LOCUSTA VIRIDISSIMA (fig. 4). — La mâchoire du *Locusta viridissima* a été inexactement représentée par Brullé (1). Cet observateur, toujours si consciencieux et si sagace, ordinairement fort heureux dans ses déductions et ses conclusions, paraît s'être ici borné à un examen trop rapide. Non seulement les caractères généraux sont à peine esquissés dans sa description, mais elle offre certains détails qui sont incompréhensibles : le prémaxillaire serait au-dessous des dents apicilaires de l'intermaxillaire (2); des pièces nouvelles seraient annexées au maxillaire, etc. Il devient impossible d'interpréter ainsi les diverses parties de la mâchoire; encore plus difficile de déterminer leurs rapports véritables. La dissection, sous la loupe montée, permet de les rétablir aisément, montrant les caractères suivants :

Le *sous-maxillaire* (fig. 4, *s. m*) semble exprimer, dans ses caractères généraux, le double rôle qu'il devra remplir : par sa face inférieure, il assurera l'articulation de la mâchoire, tandis que, par ses dimen-

(1) *Annales des sciences naturelles*, ZOOLOGIE, 3° série, t. XIV, pl. II, fig. 5.
(2) *Id*, fig. 5 *a*.

sions, sa forme et sa puissance, il constituera une base solide pour l'ensemble de l'organe; à cet égard, il suppléera même, dans une certaine mesure, le maxillaire.

Dans la plupart des Insectes, le sous-maxillaire se présente sous l'aspect d'une pièce fort petite, dans le sens vertical, mais assez étendue transversalement. Chez la Sauterelle verte, il offre, au contraire, son plus grand développement dans le sens vertical, tout en conservant une largeur suffisante pour soutenir solidement les autres pièces maxillaires.

Il n'y a guère que le *Mantis religiosa* qui possède un sous-maxillaire comparable au précédent; encore faut-il remarquer que, chez cette dernière espèce, les proportions du sous-maxillaire ne sont pas aussi heureusement harmonisées que chez la Sauterelle verte, le sous-maxillaire étant trop allongé et trop étroit pour constituer une base de sustentation suffisamment solide.

La face inférieure, fortement excavée, se trouve limitée par deux saillies, l'une externe, l'autre interne; cette dernière est plus acérée.

La face externe se montre assez irrégulièrement ondulée.

La face supérieure est concave, offrant diverses variations individuelles.

La même remarque s'applique à la face interne, généralement convexe.

Le *maxillaire* (fig. 4, *m*) est droit, de forme régulière.

Sa face inférieure, assez courte, débute en dedans par une saillie aiguë, puis s'excave dans son tiers postérieur : elle devient alors convexe et se termine

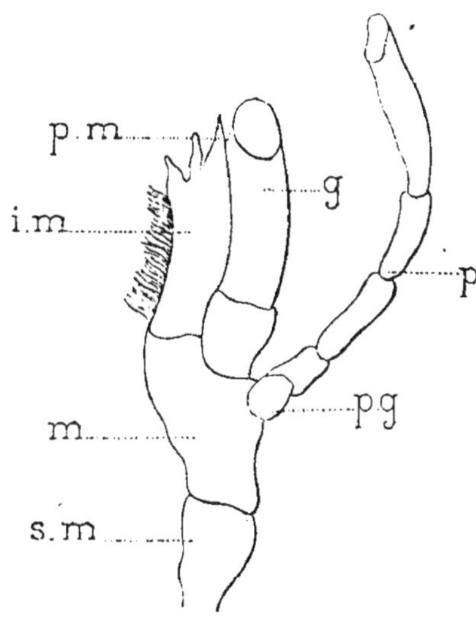

Fig. 4. — *Locusta viridissima*, Mâchoire : *s. m*, sous-maxillaire; *m*, maxillaire; *p. g*, palpigère; *p*, palpe maxillaire; *i. m*, intermaxillaire; *p. m*, prémaxillaire.

par une tubérosité obtuse, lors de son union avec la face interne.

Très allongée, la face externe est faiblement sinueuse; légèrement concave dans sa moitié inférieure, elle est carrée dans sa moitié supérieure.

La face supérieure, peu développée, est partout convexe; elle offre plusieurs facettes secondaires.

Allongée comme la face externe, la face interne est plus régulière. Convexe en bas, elle s'excave ensuite, puis redevient convexe dans sa partie supérieure, où elle s'unit insensiblement à la face supérieure, pour former avec elle une grosse tubérosité arrondie.

Le *palpigère* (fig. 4, *p. g*) revêt une forme assez inattendue, devenant polyédrique. Il présente moins des faces que des facettes, assez nombreuses.

Le premier article du palpe s'articule faiblement avec le palpigère. Celui-ci se trouvant presque toujours entraîné avec le palpe, au cours des dissections, il devient ainsi généralement fort difficile de le distinguer et d'en apprécier l'autonomie.

A la base, se trouve une petite facette presque horizontale. A droite et à gauche, s'élèvent des facettes dont l'ensemble s'incurve de manière à dessiner deux courbes qui vont se terminer à une facette supérieure, courte et semblable à la facette basilaire.

Grêle et fragile, le *palpe maxillaire* (fig. 4, *p*) est constitué par plusieurs articles superposés.

Le premier article est court, plus étroit à sa base qu'à son sommet, de façon à pouvoir osciller facilement sur le palpigère. Ses faces latérales sont couvertes de poils et de soies. Quant à sa face supérieure, elle est légèrement excavée pour recevoir la base du second article.

Celui-ci s'élève, comme une grêle et longue baguette, au-dessus du précédent. Ses faces latérales sont infléchies, très pilifères; sur sa face supérieure s'élèvent deux saillies qui concourent à rendre plus solide l'insertion de cet article sur le suivant.

Le troisième article s'appuie, en effet, sur le second par une face presque horizontale. Aussi leur union serait-elle peu solide, si l'existence des deux tubercules précités ne devait la consolider en limitant les déplacements. — Assez grêle dans sa partie inférieure, cet article se renfle bientôt pour s'atténuer légèrement vers son sommet qui se creuse, afin de recevoir la base du quatrième article.

Fort allongé, plus développé même qu'aucun des autres segments, celui-ci se renfle peu à peu de la base au sommet, portant de nombreux poils et présentant une échancrure interne, très accentuée chez certains individus.

Le palpe se termine par une facette obliquement tronquée, pouvant être prise pour un article supplémentaire.

Tantôt le *sous-galéa* existe; tantôt il fait défaut, le maxillaire portant alors directement le galéa et l'intermaxillaire.

Quand cette pièce existe, elle offre surtout à considérer sa face inférieure et sa face supérieure ; là se concentre tout l'intérêt morphologique.

La face inférieure débute, dans sa partie externe, par une surface oblique et portant une dépression qui concourt à assurer l'articulation du sous-galéa, avec le maxillaire. Cette partie externe se renfle bientôt pour remonter brusquement, formant une échancrure très marquée. Au delà, vient la partie interne, laquelle s'arrondit pour s'unir avec la face interne.

Sur la face supérieure se trouvent, en dehors et en dedans, deux saillies inégales. La saillie externe est plus élevée, légèrement biseautée à son sommet. La saillie interne, curviligne, se continue insensiblement avec la face interne.

Celle-ci est lisse et peut être simplement mentionnée ; de même, pour la face externe, qui est presque droite, sauf dans sa partie inférieure, où elle offre une obliquité assez marquée.

Le *galéa* (fig. 4, *g*) est très développé ; il est formé de deux articles inégaux.

L'article basilaire est petit, atteignant à peine le quart de la longueur de l'article supérieur qui est irrégulièrement cylindrique, se recourbant peu à peu, de dehors en dedans.

Chez les divers types précédents, comme d'ailleurs

dans la généralité des Insectes, le galéa et l'intermaxillaire, distincts l'un de l'autre, figurent deux appendices qui émergent, comme le palpe, du corps de la mâchoire. Telle est même l'origine de la description, si longtemps classique, de Latreille qui distinguait, sur la mâchoire, trois appendices :

1° Le palpe maxillaire ;

2° Le lobe externe (galéa) ;

3° Le lobe interne (intermaxillaire).

Or, il en est autrement chez la Locuste verte : s'accolant intimement, le galéa et l'intermaxillaire forment une pièce unique ; on n'y observe même pas la bifidité supérieure qui, chez quelques espèces (*OEdipoda cinerascens*, etc.), indique une fusion incomplète entre le galéa et l'intermaxillaire. Une analyse attentive est ici nécessaire pour retrouver ces deux pièces et établir leurs frontières.

L'*intermaxillaire* (fig. 4, *i. m*) s'affirme alors nettement : très grand, très fort, armé de dents nombreuses.

L'une d'elles, située tout à fait au sommet de cette « lacinia », représente un *prémaxillaire* (fig. 4, *p. m*). Toutefois, l'autonomie de celui-ci paraît souvent contestable, car chez plusieurs individus, on ne peut distinguer la dent terminale des autres dents intermaxillaires ; nul mode spécial d'articulation ne peut être alors invoqué pour lui attribuer quelque valeur morphologique ou fonctionnelle.

En résumant ces diverses dispositions, on voit que la mâchoire du *Locusta viridissima* offre une tendance manifeste à la fusion de ses diverses pièces. Le prémaxillaire peut faire défaut; le sous-galéa manque souvent. A la vérité, l'un et l'autre comptent, avec le palpigère, parmi les parties les moins constantes de la mâchoire; aussi convient-il d'attacher plus d'importance à l'intime union du galéa et de l'intermaxillaire. Leur soudure imprime à la mâchoire un aspect fort analogue à celui que présente ordinairement la mandibule, nouvelle manifestation de l'étroite parenté qui existe entre ces organes buccaux.

2. — Morphographie comparée des pièces maxillaires.

Les faits exposés dans le chapitre précédent résument, dans ses traits généraux, la constitution de la mâchoire, mais ils ne sauraient suffire à faire connaître en elles-mêmes les pièces constituantes, encore moins pourraient-ils permettre d'apprécier leurs variations et leur valeur respective.

Aussi est-il nécessaire d'examiner successivement chacune de ces pièces maxillaires. Dans le double but de ne pas multiplier les sujets d'exposition et de rendre plus facile l'analyse générale de la maxille, je m'étais borné à la décrire dans quatre espèces vulgaires. De telles limites seraient ici trop étroites; pour acquérir une idée exacte des diverses pièces, il est indispensable de les comparer chez de nombreux Insectes, choisis parmi les types les plus remarquables au point de vue des variations, des adaptations fonctionnelles, etc.

I. Sous-maxillaire. — Au premier rang des Insectes qui offrent le sous-maxillaire sous sa forme la plus normale, je citerai l'*Oligotoma Saundersii* : allongé transversalement, peu développé dans le sens vertical, le sous-maxillaire y figure une vraie charnière. C'est effectivement ainsi qu'il intervient pour assurer l'articulation et le jeu de la mâchoire.

Si l'articulation doit offrir une solidité exceptionnelle, la face inférieure du sous-maxillaire se modifie : ce ne sont plus de simples ondulations ou des sinuosités superficielles que porte cette face ; de profondes dépressions s'y creusent, transformant le ginglyme en un puissant engrenage.

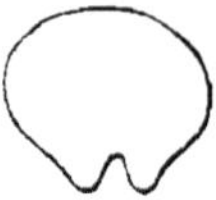

Fig. 5. — *OEdipoda cinerascens* : sous-maxillaire.

De telles dispositions sont faciles à observer sur l'*OEdipoda cinerascens* (fig. 5).

On en peut rapprocher le *Gryllus domesticus*. Le sous-maxillaire y montre deux cavités articulaires très marquées, séparées par une saillie. L'ensemble constitue une charnière, si étroitement unie à la région ambiante, que la dissection doit en être patiemment poursuivie, sinon il est impossible de séparer les surfaces articulaires sans les briser.

Le sous-maxillaire du *Forficula auricularia* est surtout remarquable par la saillie que dessine sa face interne, ébauchant comme une « molaire » analogue à celle de la mandibule.

Chez le *Decticus verrucivorus*, ce sont, à la fois, les faces interne et externe qui impriment au sous-maxillaire un aspect spécial. Avec ce type commence la série des variations, parmi lesquelles je crois devoir signaler les plus importantes.

Le *Phasma Japetus* offre un sous-maxillaire à face supérieure unie et curviligne, à face inférieure faiblement excavée.

Aussi la mâchoire de cet Orthoptère ne s'articule-t-elle qu'assez faiblement avec la tête de l'Insecte; cette particularité s'explique par les dispositions qui viennent d'être mentionnées sur les faces supérieure et inférieure de la pièce. Au point de vue de la solidité et du fonctionnement des articulations, le sous-maxillaire de la mâchoire est évidemment moins bien constitué ici que chez le *Gryllus domesticus*, mais il est encore supérieur à la même pièce étudiée chez l'*Oligotoma Saundersii*, chez le *Mantis religiosa*, etc.

Généralement, le sous-maxillaire se présente très réduit dans le sens vertical, mais assez allongé transversalement; chez le *Locusta viridissima*, il se montre, au contraire, surtout développé verticalement, comme je l'ai indiqué plus haut.

Non seulement le sous-maxillaire de l'Hydrophile (*Hydrophilus piceus*) offre de profondes modifications dans les proportions relatives de ses différentes faces, mais on y retrouve la « molaire » déjà signalée chez la Forficule.

Cette saillie est ici d'origine mixte, formée par la face interne et par la face inférieure, se confondant à ce niveau.

Chez le Termite lucifuge, le sous-maxillaire montre une face inférieure nettement articulaire, affirmant la signification fonctionnelle de la région basilaire.

Dans cette espèce, l'articulation est toutefois réalisée par des moyens anatomiques très simples. La face inférieure se divise en deux parties : l'une interne, l'autre externe ; la partie externe est plus courte que la partie interne, mais l'une et l'autre sont convexes. Elles figurent deux condyles inégaux, reçus dans des dépressions correspondantes de la tête ; entre ces deux parties renflées, se trouve une dépression peu profonde et recevant une saillie céphalique ; il en résulte une articulation assez simple et offrant cependant une réelle solidité, en même temps qu'elle assure une grande régularité aux mouvements de la mâchoire.

Très allongé dans le type précédent, le sous-maxillaire est court chez le *Blaps producta*. Il n'offre aucune trace de la « molaire » signalée plus haut et qui se retrouvera chez le Carabe ; l'absence de cette molaire est d'ailleurs fonctionnellement compensée par les rapports généraux du maxillaire et du sous-maxillaire.

On trouve donc ici l'exemple d'une variation morphologique n'entraînant corrélativement aucune variation physiologique. Cet exemple suffirait à montrer combien il est indispensable d'analyser minutieusement les pièces buccales, de les examiner segment par segment, puis de comparer ceux-ci, non seulement dans leurs caractères propres, mais dans leurs relations.

L'étude du *Carabus auratus* permet de s'en convaincre, une fois de plus. Il n'est pas de Traité d'entomologie, ou même de zoologie élémentaire qui ne figure la mâchoire de ce Coléoptère ; or, combien est-il de lecteurs qui aient jamais pu, je ne dirai pas apprécier, mais seulement soupçonner la complexité de l'organe si humble en apparence, si constamment dédaigné, et sur lequel doit en définitive reposer l'ensemble de la mâchoire ?

Ainsi qu'on va pouvoir facilement en juger, le sous-maxillaire présente ici des caractères fort intéressants et très différents de ceux qui s'observent généralement dans cette pièce.

Le sous-maxillaire est toujours sinueux sur sa face inférieure, disposition nécessaire pour permettre son articulation et assurer, par suite, les mouvements de toute la mâchoire. Cette tendance s'affirme chez le Carabe (fig. 6) mieux que chez aucun autre type;

Fig. 6. — *Carabus auratus :* sous-maxillaire.

elle s'accentue même au point de partager la face inférieure en deux portions : l'une externe, l'autre interne. La partie externe est la plus courte; profondément excavée, elle se trouve limitée par deux saillies aiguës. La partie interne est plus allongée : faiblement concave, elle se continue par une courbe insensible jusqu'à la rencontre de la face interne du maxillaire.

Elle s'unit à cette face en formant une sorte de petit promontoire tronqué, figurant ici la « molaire » dont j'ai déjà eu l'occasion de relever l'existence sur le sous-maxillaire de la mâchoire chez divers Insectes Broyeurs.

La face externe, sans offrir de semblables complications, mérite cependant une attention particulière. Elle débute près de la saillie qui a été indiquée comme limitant en dehors la face inférieure ; puis, au delà de ce point, la face externe décrit une concavité assez marquée pour s'incurver ensuite, de dehors en dedans, et devenir convexe dans sa partie supérieure.

La face supérieure est, de beaucoup, la plus courte de toutes les faces qui limitent le sous-maxillaire ; elle est régulièrement convexe ; néanmoins, si on l'étudie avec attention et surtout si on l'examine sous un faible grossissement (20/1), on constate qu'elle offre de légers méplats séparés par des saillies appréciables ; on retrouve donc ici, mais fort atténuée, la disposition qui caractérise fréquemment cette face du sous-maxillaire.

II. Maxillaire. — Chez les Broyeurs, le maxillaire forme le centre de la mâchoire : d'une part, il s'appuie sur le sous-maxillaire ; d'autre part, il porte médiatement ou immédiatement les appendices. Son importance est considérable et l'on peut prévoir que, par ses rapports comme par son rôle, il doit différer notablement du sous-maxillaire.

En effet, rien de plus dissemblable que ces deux pièces dans la plupart des cas ; mais, en biologie, nulle distinction n'est absolue, partout apparaissent des formes intermédiaires et des états de passage.

Cette loi s'observe ici comme en tout autre sujet de même ordre. Il suffit de multiplier les types d'étude pour rencontrer tel maxillaire qui, par son aspect et ses caractères, reproduira la forme normale du sous-maxillaire.

Le fait est évident chez le *Blaps producta* (fig. 7) : son maxillaire se montre comme une sorte de coin.

Fig. 7. — *Blaps producta* : maxillaire.

Limité par des lignes courbes et par des faces obliques, il s'intercale entre le sous-maxillaire en bas et les pièces supérieures de la mâchoire en haut.

Cette même parenté avec le sous-maxillaire se reflète encore chez l'*Oligotoma Saundersii*. Quand on observe le maxillaire isolé, on croit avoir sous les yeux, non le centre de la mâchoire, mais la charnière basilaire destinée à assurer ses mouvements de totalité.

Chez le *Psocus quadrimaculatus*, ainsi que chez le *Forficula auricularia*, le maxillaire est encore assez

irrégulier, mais par suite de dispositions différentes :
dans la première de ces espèces, il est, pour ainsi
dire, dépourvu de face interne; dans la Forficule,
au contraire, cette face est très développée.

L'*OEdipoda cinerascens* offre un maxillaire large,
régulièrement incurvé en manière de crosse de pis-
tolet.

Dans les divers types étudiés précédemment, le
maxillaire de la mâchoire se montrait sous l'aspect
d'une pièce disposée horizontalement; chez les
Insectes dont la description va suivre, on constate,
au contraire, une inversion profonde dans l'orientation du maxillaire qui, peu à peu, tend à devenir
vertical.

Le *Phasma Japetus* peut être considéré, sous ce
point de vue, comme une forme intermédiaire. Le
maxillaire y est bien encore sensiblement horizontal,
mais sa direction commence à se modifier : le diamètre transversal tend à s'atténuer, tandis que le
diamètre vertical augmente.

La tendance ébauchée dans l'espèce précédente
s'affirme mieux encore chez le *Carabus auratus;*
elle s'y accentue même au point d'amener des
changements profonds dans la forme générale du
maxillaire.

Tout en s'allongeant verticalement, cette pièce ne réduit son diamètre transversal que dans sa moitié inférieure, de sorte qu'elle est irrégulièrement formée de deux parties, l'une inférieure et étroite ; l'autre supérieure et renflée.

Il en est à peu près de même chez le *Gryllus domesticus*. Toutefois, les deux parties sont inversement disposées : la portion élargie est inférieure, la portion étroite est supérieure. De plus, l'inégalité du diamètre respectif de ces deux portions est moins marquée que dans le Carabe.

La face inférieure est facile à distinguer ; elle est même assez étendue, ce qui ne saurait étonner, en raison de l'élargissement de la partie inférieure du maxillaire. Cette face inférieure offre des saillies et des cavités qui s'articulent avec le sous-maxillaire.

La face externe, très allongée, est convexe ; droite dans sa partie inférieure, elle est oblique dans sa partie supérieure.

Chez le Carabe, la face inférieure fait défaut ; ici, c'est la face supérieure qui s'atténue, par suite de l'inversion déjà signalée dans les dimensions respectives des deux portions du maxillaire.

Celui-ci se termine par une face sinueuse et d'assez faible étendue, sur laquelle viennent aboutir la face externe et la face interne.

Le maxillaire du *Decticus verrucivorus* (fig. 8), tend à devenir de plus en plus vertical, sans offrir les irrégularités qui le caractérisaient dans les espèces étudiées en dernier lieu. Les deux faces externe et interne s'allongent de plus en plus; les faces inférieure et supérieure sont, au contraire,

Fig. 8. — *Decticus verrucivorus :* maxillaire.

assez réduites; on peut facilement le constater en examinant la figure 8.

Enfin, quand on arrive, par cette voie d'analyses comparatives, à l'étude du *Locusta viridissima*, on trouve un maxillaire complètement droit et de forme régulière (1); aussi, ne saurait-on clore, sur un meilleur type, l'examen morphographique de cette pièce.

III. Palpigère. — A peine mentionné par les auteurs, généralement apprécié d'une façon inexacte,

____

(1) Voy. fig. 4, *m.*

le palpigère compte au nombre des pièces maxillaires le plus vaguement connues.

Si l'on se rappelle qu'il peut faire assez souvent
défaut, on comprendra toute l'importance qu'acquiert ici le choix des sujets d'étude.

Chez la Forficule, par exemple, le palpigère (fig. 9)
est si rudimentaire qu'il peut échapper dans un examen

Fig. 9. — *Forficula auricularia :* palpigère.

rapide. Court et cubique, à peine relevé par des
angles peu saillants, il ne saurait fournir qu'une idée
fort insuffisante des caractères qu'il peut revêtir.

Avec le *Psocus quadrimaculatus*, on voit les
dimensions s'accentuer dans une direction déterminée, le palpigère tendant à devenir vertical ou
droit.

Chez le *Gryllus domesticus*, et chez le *Mantis religiosa* (fig. 10), cette même tendance s'accentue,
imprimant au palpigère des formes bizarres, arri-
vant même à l'allonger en bâtonnet, comme dans la
seconde de ces espèces.

Tout autre est son aspect dans l'*OEdipoda cineras-*

cens, où le palpigère se développe non plus verticalement, mais transversalement. Ce n'est encore qu'un

Fig. 10. — *Mantis religiosa* : palpigère.

état intermédiaire, mais d'autant plus digne d'être
signalé que, sans sa notion, on ne pourrait relier les
types précédents au suivant.

En effet, chez le *Phasma Japetus*, le diamètre
transversal l'emporte nettement sur le diamètre vertical et la prééminence appartient maintenant aux
deux faces qui étaient le moins développées chez
les types étudiés jusqu'ici.

La face inférieure devient beaucoup plus considérable que précédemment; elle est irrégulièrement
sinueuse: légèrement concave vers ses deux extré-
mités, convexe en sa partie moyenne, elle est limitée
en dehors et en dedans par deux saillies aiguës.

Plus courte, la face externe est profondément
excavée; ce caractère se retrouve, mais à un
moindre degré, sur la face supérieure dans laquelle
on observe une élongation notable, quoique moins
accentuée que sur la face inférieure.

La face interne est la plus courte ; elle se montre légèrement oblique.

Le *Decticus verrucivorus* offre, à un haut degré (fig. 11), l'accentuation de la tendance qui vient d'être mentionnée chez le *Phasma Japetus ;* impossible

Fig. 11. — *Decticus verrucivorus :* palpigère.

d'imaginer une plus grande prééminence du diamètre transversal.

La face inférieure, très développée, est ondulée, caractère qui doit être rapporté à la dissemblance existant entre ses deux moitiés externe et interne : la moitié externe est convexe, la moitié interne concave.

La face externe et la face interne, de longueur à peu près égale, sont notablement bombées ; quant à la face supérieure, elle est légèrement et régulièrement excavée.

Malgré l'importance que conservent, chez le *Termes lucifugus,* les dimensions transversales, on doit reconnaître qu'il ouvre la série des types chez lesquels le palpigère tend à revêtir des formes aberrantes ou spéciales.

La face inférieure, brusquement raccourcie lorsqu'on se reporte à ce qu'elle était chez le *Decticus*, etc., est excavée et fortement recourbée vers son extrémité interne.

Dans la plupart des cas, la face externe est droite ou plutôt légèrement oblique.

En ce qui concerne la face supérieure, on retrouve visiblement le développement qui la caractérisait; elle est toutefois beaucoup moins étendue que dans le *Decticus verrucivorus* et les espèces analogues.

La forme du palpigère est si bizarre chez le Carabe que l'on serait fort embarrassé pour savoir où classer ce type, si l'on ne découvrait, à la suite d'une observation attentive, une réelle prééminence du diamètre transversal sur les autres dimensions de la pièce; mais telle est l'irrégularité générale, que l'on ne peut plus guère distinguer ici que trois faces : une face inférieure, une face externe, et une face interne.

L'irrégularité de la pièce est plus grande encore chez le *Blaps producta* et chez l'*Oligotoma Saundersii* qui doivent être manifestement considérés, au point de vue de cette pièce, comme des types anormaux.

Aussi ne saurait-on dire que si le palpigère revêt

chez la Sauterelle verte (*Locusta viridissima*) un aspect des plus inattendus, il y soit réellement plus irrégulier que dans les types qui viennent d'être cités.

Il s'y montre polyédrique, et le nombre de ses facettes, car il ne peut plus être ici question de faces, augmente au point de lui imprimer une forme presque ovoïde ; le premier article du palpe s'articule très faiblement avec le palpigère et l'on a vu quelles conséquences entraîne cette disposition.

IV. Palpe maxillaire. — Certaines des pièces précédentes, le palpigère entre autres, ont été souvent méconnues et se trouvent à peine mentionnées par les auteurs. On n'en saurait dire autant du palpe maxillaire.

Il représente la plus connue, la plus classique des pièces de la mâchoire. C'est le palpe qui, dans tout cet ensemble, attire le premier les regards ; souvent même il a reçu les noms d' « antenne buccale » ou d' « antennite », que justifient son aspect grêle et effilé, ses nombreux articles superposés, son extrême mobilité, enfin sa structure.

Placé au côté externe de la mâchoire, il s'insère sur le palpigère ou, quand celui-ci fait défaut, sur le maxillaire. En dedans du palpe, se trouve le galéa qui présente parfois avec lui une certaine similitude, d'où le nom de « palpe maxillaire interne » donné par quelques auteurs au galéa et dont il convient d'être prévenu pour éviter toute confusion.

De nombreuses variations s'observent dans le nombre, la forme, etc., des articles du palpe. Quelques exemples suffiront à les mettre en évidence.

Tandis que le palpe du *Psocus quadrimaculatus* compte cinq articles et se montre volumineux (fig. 12), on trouve, chez le *Forficula auricularia*, un palpe

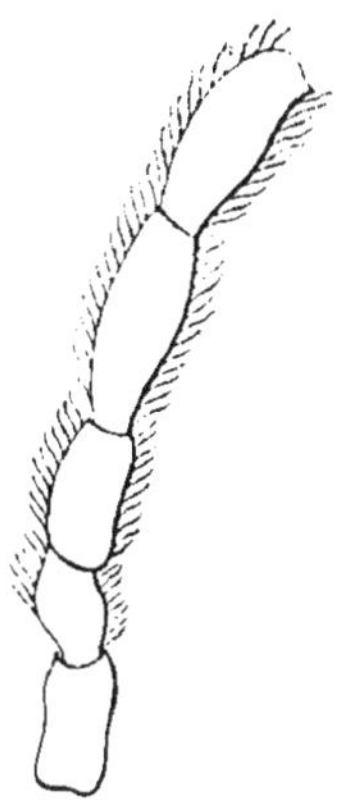

Fig. 12. — *Psocus quadrimaculatus :* palpe maxillaire.

tout différent. Beaucoup plus grêle, il ne comprend que quatre articles fort inégaux.

Si je rapproche ces deux espèces, c'est que leur étude comparative permet d'apprécier aisément les liens morphologiques qui unissent le palpigère au palpe. Certes, ces deux pièces possèdent une autonomie incontestable, une valeur propre et fort inégale au point de vue physiologique ; mais on ne peut nier qu'il n'y ait entre eux de profondes affinités ; bien souvent le premier article du palpe réflète encore certains traits du palpigère, et c'est peu à peu que ces caractères s'effacent pour faire place aux dispositions caractéristiques des segments du palpe.

Ainsi, chez les Psocides, le premier article du palpe présente une forme assez semblable à celle du palpigère ; il s'en rapproche également par l'absence des poils, si abondants sur les articles suivants.

Chez le *Forficula auricularia*, on saisit facilement les modifications qui, du palpigère, conduisent à l'article normal du palpe : celui-ci débute par un article notablement allongé ; puis, les derniers articles deviennent claviformes et présentent des dispositions qui leur assurent une mobilité particulière. Ils sont très pilifères, tandis que l'article basilaire est encore ici généralement glabre.

Assez bizarre dans l'*Œdipoda cinerascens*, le palpe atteint un grand développement chez le *Gryllus domesticus*. Il y est composé de six articles fort inégaux, mais concourant à exagérer, dans des limites imprévues, la mobilité de l'appendice. Cette mobilité est due surtout à la présence d'un véritable galet à la base du palpe.

Déjà très favorable à l'amplitude de ses mouvements, une telle disposition le deviendrait davantage encore, si le galet se trouvait excentriquement placé par rapport au palpigère et aux pièces basilaires de la mâchoire. Or, c'est précisément ce qui se remarque dans le *Phasma Japetus*.

A la base du palpe, se trouve une petite pièce extrêmement singulière dans sa forme et très intéressante dans ses relations. Elle offre, non pas à sa partie inférieure, mais à sa partie interne, une légère dépression qui reçoit le palpigère, sur lequel le palpe peut ainsi jouer librement, l'étendue du déplacement n'étant limitée que par une saillie inférieure figurant comme un manche à la base de ce premier article.

Dans tout le reste de son étendue, celui-ci est parfaitement arrondi et ne confine, en quelque sorte, que par un point au second article.

Ce second article est admirablement disposé pour relier le précédent aux suivants, amplifier les déplacements du palpe et imprimer à l'organe sa forme générale.

Il commence par une partie renflée qui s'appuie sur le premier article par une facette très réduite, tellement étroite que l'adhérence entre ces deux articles se trouve rompue sous le moindre effort.

Au-dessus de cette tubérosité inférieure, l'article se rétrécit, puis il s'élargit en massue pour offrir une large surface au contact du troisième article.

Mais celui-ci, loin de se déployer sur toute cette face, s'y appuie seulement par une partie extrêmement limitée, de manière à pouvoir osciller aisément sur la face supérieure du second article. Il se renfle ensuite notablement, pour se terminer par une face sur laquelle le dernier article ne s'applique encore que partiellement, achevant ainsi d'exagérer, au delà de toute prévision, la mobilité de ce singulier organe.

Tout autre est le palpe du *Mantis religiosa*. Grêle, recourbé sur lui-même, il n'offre qu'une mobilité fort limitée. Ce caractère est en rapport avec la configuration des articles, comme avec leur mode d'articulation.

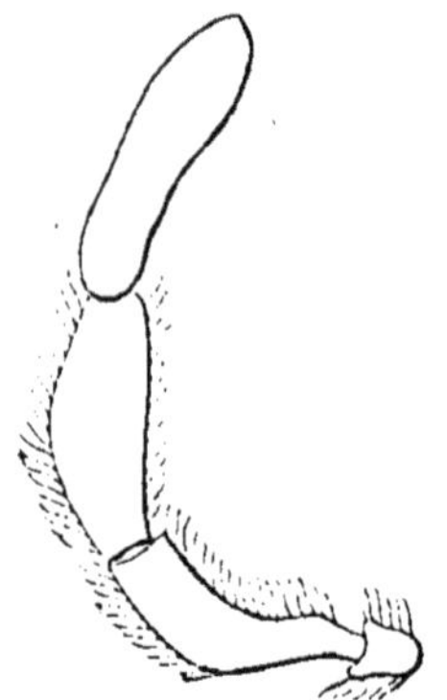

Fig. 13. — *Decticus verrucivorus :* palpe maxillaire.

Chez le Termite, la mobilité semble sacrifiée à la solidité. On n'en saurait dire autant du *Decticus verrucivorus* (fig. 13), chez lequel le palpe jouit de mouvements assez étendus, surtout assurés par le premier article.

Aussi est-ce à un autre point de vue que je rapproche ici Decticides et Termitides.

Ils offrent, entre eux, cette particularité commune de mettre en évidence l'intime parenté du palpigère avec le premier article du palpe.

Les Forficulides et les Psocides m'ont déjà permis de la signaler; mais je crois devoir d'autant plus y insister qu'elle n'est mentionnée nulle part. On en trouve ici une nouvelle et irréfragable démonstration.

Chez le *Blaps producta*, on trouve une heureuse combinaison des caractères propres à amplifier les mouvements du palpe, comme à lui donner une solidité et une largeur suffisantes pour lui permettre de fonctionner suivant le rôle qui lui est assigné dans l'ensemble des pièces buccales.

Le premier article est de forme irrégulière, mais parfaitement adapté à la part qu'il doit prendre aux mouvements du palpe.

Arrondi sur la majeure partie de son étendue, cet article constitue ainsi une énorme tête articulaire qui roule aisément sur le palpigère, entraînant tout l'organe dans ses déplacements ; puis, brusquement, l'article se rétrécit pour se terminer par un plateau presque horizontal, sur lequel s'applique le second article.

L'emportant sur tous les autres par ses dimensions, ce second article est prismatique dans sa portion inférieure, claviforme dans le reste de son étendue; il s'unit assez lâchement, par une petite facette supérieure, au troisième article.

Beaucoup plus court, celui-ci est limité par des surfaces latérales courbes; puis il reçoit, sur une face supérieure faiblement concave, le quatrième article.

Très long, mais médiocrement large, surtout en sa partie inférieure, cet article est légèrement recourbé sur lui-même et limité par des faces assez droites. Il porte supérieurement un petit article apicilaire très court, assez analogue aux articles que l'on voit parfois à l'extrémité de certains galéas.

Je ne crois pas nécessaire d'ajouter de nouvelles descriptions à celles qui viennent d'être résumées. Elles permettent d'apprécier l'extrême variabilité du palpe; elles montrent aussi combien il serait illusoire et périlleux de limiter son étude à quelques-uns des types réputés classiques, par cette seule considération que les divers Traités les reproduisent constamment.

C'est ainsi que le *Locusta viridissima* et le *Carabus auratus*, ayant leurs palpes composés d'un égal nombre de segments et décrivant une courbe identique, ne sauraient évidemment fournir que des notions fort in-

exactes. On en peut juger par les faits dont on vient
de lire l'exposé.

Sous-Galéa. — Comme le palpigère, le sous-galéa
n'a que rarement attiré l'attention des anatomistes et
des entomologistes, ou plutôt il n'a presque jamais
été distingué des appendices avec lesquels il se trouve
en rapport.

Son importance est plus considérable que celle du
palpigère. Ce dernier ne supportait que le palpe; sur
le sous-galéa s'insèrent le galéa et l'intermaxillaire.
D'autre part, il doit être rapproché du palpigère
par cette particularité que tous deux peuvent manquer chez diverses espèces.

Lorsque le cas se présente, il entraine d'égales
conséquences dans les rapports anatomiques des
appendices : là où le palpigère fait défaut, le palpe
s'appuie directement sur le maxillaire; de même,
celui-ci donne insertion au galéa et à l'intermaxillaire quand le sous-galéa est absent.

De ce que cette pièce est inconstante, on n'en doit
pas conclure qu'elle ne possède aucune valeur fonctionnelle.

Elle est, au contraire, fort intéressante à ce point
de vue : son absence entraine toujours une atténua-
tion marquée dans les mouvements du galéa et de
l'intermaxillaire ; sa présence augmente la mobilité

de ces appendices internes de la mâchoire, amplifiant
ainsi l'aire d'action de l'ensemble. Cette pièce rend
indépendants les mouvements du palpe de ceux du
galéa et de l'intermaxillaire, assurant une base solide
aux mouvements que celui-ci aura à exécuter pour
ramener vers la bouche les parcelles alimentaires, que
sa fréquente laciniation lui permet de rapprocher et
de rassembler à la manière d'un râteau.

Par sa situation, comme par son rôle et son mode
de fonctionnement, le sous-galéa semble devoir offrir
une forme parfaitement définie : on se le représente
sous l'aspect d'une pièce courte dans le sens vertical,
élargie transversalement, pourvue de surfaces articulaires en haut et en bas, permettant ainsi au galéa
et à l'intermaxillaire de trouver une base solide et de
pouvoir s'y déplacer comme sur une charnière. Telle
est effectivement la forme du sous-galéa chez divers
Insectes ; mais, comme les faits l'établiront bientôt,
cette forme se modifie souvent dans des proportions
considérables. On ne saurait rien préjuger d'exact,
à cet égard, avant d'avoir examiné un certain nombre
de types.

Chez l'*OEdipoda cinerascens* (fig. 14), l'aspect du
sous-galéa traduit parfaitement la signification fonctionnelle de cette pièce. Disposée transversalement
au-dessus du maxillaire, au-dessous du galéa et de

l'intermaxillaire, elle s'y présente comme un véritable
gond pourvu de saillies et de dépressions fort heureusement combinées.

Chez le *Decticus verrucivorus*, l'orientation de la
pièce se modifie : au lieu d'être disposée horizonta-

Fig. 14. — *OEdipoda cinerascens :* sous-galéa.

lement au-dessus du maxillaire, elle se trouve inclinée
dans une situation oblique de haut en bas et de
dehors en dedans. Cette inclinaison a pour effet de
déplacer l'axe des mouvements du galéa et de l'intermaxillaire, les rendant ainsi plus indépendants des
mouvements du palpe.

Le sous-galéa du Termite est moins bien conformé
pour la fin qui lui est assignée.

La face inférieure présente une longue dépression
médiane, limitée par deux saillies : l'une externe et
arrondie, l'autre interne et recourbée. Cette échancrure peut encore jouer un rôle important pour
l'articulation du sous-galéa avec le maxillaire, mais
on ne peut nier que ce but ne soit mieux assuré
par les caractères mentionnés chez le *Decticus* et
l'*OEdipoda.*

Le *Forficula auricularia* offre également des dispositions assez défavorables dans son sous-galéa, tandis que chez les *Psocus*, les *Blaps*, etc., les articulations multiples se trouvent parfaitement assurées, malgré diverses particularités qui pourraient presque être qualifiées d'anomalies.

Je ne saurais entrer dans l'exposé de ces variations que j'ai fait connaître en détail; cependant il en est une qui mérite une mention spéciale, en raison de son origine et de l'intérêt qu'elle présente dans son analyse morphographique.

C'est chez le *Mantis religiosa* (fig. 15) qu'on l'ob-

Fig. 15. — *Mantis religiosa* : sous-galéa.

serve avec le plus de netteté, sinon toujours, au moins chez certains individus.

Leur sous-galéa apparaît comme une pièce double, formée de deux moitiés unies par une suture médiane. Quelle est la signification d'un fait aussi imprévu? Il est simplement corrélatif de la dualité qui caractérise, anatomiquement et fonctionnellement, le sous-galéa.

Donnant appui au galéa et à l'intermaxillaire, concourant également à assurer leur mobilité, le sous-galéa affirme ici ses doubles rapports par le dédou-

blement même qu'il subit et qui le modifie si profondément, au moins en apparence.

Certains états de passage permettent, en effet, de
relier ce sous-galéa de la Mante à la forme normale
de la pièce.

On les observe aisément dans les Phasmides, les
Gryllides, etc.

Chez le *Gryllus domesticus*, par exemple, le sous-
galéa n'est pas double comme chez le *Mantis religiosa;* mais il tend vers ce type par le mode d'insertion de l'intermaxillaire et du galéa, ces deux
appendices se fixant sur le sous-galéa à des niveaux
très différents. Il en est de même pour le *Phasma
Japetus* (fig. 19): son sous-galéa ne présente pas de

Fig. 16. — *Phasma Japetus* : sous-galéa.

suture médiane, mais il est composé de deux parties
totalement différentes, revêtant un aspect qui achève
de montrer tout l'intérêt que présente l'étude comparative de cette pièce, trop fréquemment négligée.

GALÉA. — On doit reconnaître qu'il n'en a généralement pas été de même pour le galéa : sa constance,

sa taille, ses rapports ne pouvaient manquer de le signaler à l'attention des observateurs. Pourquoi faut-il ajouter qu'ils se sont moins attachés à déterminer sa valeur et ses caractères, qu'à lui assigner sans cesse de nouvelles appellations: lobe supérieur, lobe externe, palpe interne, dactyle, etc.

Le nom de galéa (*galea*, casque, cimier) semble être le premier en date; on le trouve, dès le xviiie siècle, sous la plume de Fabricius. Il peut être surtout conservé à l'égard des Broyeurs, rappelant la fréquente incurvation en cimier que cet appendice y présente. Pour les autres Insectes, l'image n'est plus aussi exacte et j'aurai l'occasion de montrer les variations de forme et d'adaptation de l'organe.

Chez les Broyeurs, les seuls dont il soit actuellement question, le galéa s'insère sur le sous-galéa lorsque ce dernier existe à l'état de pièce distincte; sinon, il se fixe sur le maxillaire.

Placé au côté interne du palpe, il est situé au côté externe de l'intermaxillaire; dans la plupart des cas, il contracte avec celui-ci des rapports beaucoup plus intimes qu'avec le palpe.

Généralement formé de deux articles superposés, le galéa offre, dans diverses espèces, une constitution plus simple, parfois plus complexe.

Il est fréquemment recourbé au-dessus de l'intermaxillaire et du prémaxillaire; mais, ici encore, diverses modifications peuvent se présenter.

Lorsque le galéa est très mobile, il intervient à la manière d'un palpe auxiliaire ; d'autre part, les touffes de soie et de poils qu'il porte souvent et qui peuvent recevoir des filets nerveux, lui permettent de jouer un rôle sensoriel plus ou moins important.

Pour acquérir promptement d'exactes notions sur le galéa, on ne saurait choisir un meilleur type que le *Carabus auratus*, dont l'armature buccale est partout figurée.

Sur le corps de sa mâchoire, s'insèrent trois appendices comparables dans leur gracilité, mais non dans leur forme, leur constitution ou leur origine ; ils représentent effectivement, de dehors en dedans, les parties suivantes :

1° Le palpe maxillaire,

2° Le galéa maxillaire,

3° L'intermaxillaire.

Par sa situation, comme par son aspect, le galéa se distingue des deux appendices voisins : loin de compter plusieurs articles comme le palpe, il offre seulement deux segments ; loin de se terminer par une pointe acérée comme l'intermaxillaire, il représente une sorte de bâtonnet à contours arrondis. De plus, il ne se trouve ni périphérique comme le palpe, ni interne comme l'intermaxillaire ; il est, au contraire, compris entre ces organes.

Considéré, non plus dans ses rapports, mais dans

sa constitution, le galéa se montre formé de deux segments superposés et présente sensiblement la même forme et les mêmes dimensions : qu'on imagine deux petits prismes à arêtes fortement émoussées et superposés l'un à l'autre, non pas en ligne droite, mais en faisant l'un sur l'autre un angle assez prononcé. Tandis que le segment inférieur est oblique de bas en haut et de dedans en dehors, l'article supérieur se dirige au contraire de haut en bas et de dehors en dedans; ainsi se trouve déterminée l'inflexion qui imprime au galéa la courbure caractéristique dont on ne cesse de trouver la trace dans la généralité des Insectes.

Aussi serait-il impossible d'énumérer les espèces chez lesquelles le galéa se présente ainsi, recourbé en casque ou en cimier. Parmi les types mentionnés à propos des autres pièces maxillaires, le *Phasma*

Fig. 17. — *Phasma Japetus* : galéa.

Japetus (fig. 17) et le *Gryllus domesticus* peuvent être particulièrement cités.

Chez le *Locusta viridissima*, quelques modifications sont à noter.

Le segment inférieur est encore court et large, ainsi que c'est le cas le plus ordinaire; mais l'article supérieur, excavé sur sa face interne et tout couvert de poils sétiformes sur sa face externe, offre une particularité curieuse : non seulement il se recourbe au-dessus de l'intermaxillaire, mais il semble porter supérieurement un troisième article dont la signification ne laisserait pas d'être assez délicate, si l'on se bornait à l'étude de cette espèce; toute incertitude disparaît dès qu'on invoque l'organisation propre à divers autres Insectes, et l'on ne tarde pas à reconnaître, dans cet article terminal, un segment apicilaire analogue à celui qui sera bientôt décrit chez le *Mantis religiosa*.

Le *Perla intricata* (fig. 18) présente, dans les

Fig. 18. — *Perla intricata : galéa.*

dimensions respectives des deux segments galéaires, une inversion d'autant plus digne d'attention qu'elle ne tarde pas à s'accentuer chez le *Forficula auricularia* et chez l'*OEdipoda cinerascens*.

Dès qu'on examine le galéa de la Forficule, on est frappé de son aspect tout spécial. Non seulement il est formé de deux segments inégaux, mais le plus grand des deux est manifestement l'inférieur. Or, dans l'immense généralité des cas, on observe une disposition inverse. La forme de passage est représentée par le *Perla*.

Chez la Forficule, le segment inférieur est donc fort allongé, progressivement infléchi ; il détermine la forme, aussi bien que les dimensions du galéa. Quant au segment supérieur, il est court, conique, presque cruciforme.

Ce n'est pas seulement en raison de la disproportion de ses segments que ce galéa offre un intérêt particulier, c'est au point de vue de la similitude qui existe parfois entre les trois appendices (palpe, galéa, intermaxillaire) de la mâchoire.

Ces traits de ressemblance paraissent surtout s'affirmer entre le galéa et l'intermaxillaire ; s'il en fallait une preuve, on la trouverait chez le *Forficula auricularia*, où l'on voit ces deux pièces de la mâchoire revêtir une forme presque identique, l'intermaxillaire s'y montrant recourbé en faucille comme le galéa et s'y terminant par un prémaxillaire très comparable au segment terminal de ce dernier.

J'ai déjà eu l'occasion de faire allusion à la singulière conformation du galéa de l'*OEdipoda cinerascens*.

De fait, cette pièce maxillaire y apparaît si bizarre dans son aspect, qu'on éprouve tout d'abord un grand embarras à l'interpréter exactement; son étude ne devient possible que si l'on se reporte aux états caractéristiques de divers Coléoptères (*Blaps*, etc.) et surtout aux formes révélées par l'observation du *Perla intricata* et du *Forficula auricularia*.

Dans tous les types précédents, le galéa se montrait sous l'apparence d'une tige grêle, recourbée et formée d'articles disposés en série verticale; la forme générale pouvait varier en de certaines limites, les dimensions respectives des segments pouvaient même s'intervertir, le tracé fondamental n'en persistait pas moins dans ses grandes lignes.

Celles-ci semblent, au contraire, s'effacer entièrement chez l'Edipode (fig. 19): au lieu de l'appendice

Fig. 19. — *OEdipoda cinerascens* : galéa.

filiforme et palpoïde, c'est une tubérosité, à contours irréguliers, à forme peu définie, qui vient ici s'intercaler entre le palpe maxillaire et l'intermaxillaire.

Qu'on ne se laisse pas arrêter par cet aspect anormal, presque monstrueux ; que l'on considère plus attentivement la forme générale, en analysant la constitution intime, et on ne tardera pas à retrouver le galéa typique.

Profondément irrégulière, cette pièce offre cependant une direction qu'on ne saurait méconnaître : elle se recourbe de dehors en dedans, et vient ainsi dominer l'intermaxillaire. On est évidemment loin du cimier qui s'infléchissait au-dessus de celui-ci dans la plupart des types précédents ; on ne saurait cependant contester la valeur du lien morphologique qui s'établit et permet de retrouver ici le galéa, s'affirmant par le plus classique de ses rapports.

Mais le galéa n'était pas seulement caractérisé par sa forme ou ses relations anatomiques ; il devait encore sa physionomie toute spéciale à l'existence des articles, généralement au nombre de deux, qui prenaient part à sa constitution.

On les retrouve également dans l'Édipode ces segments galéaires ; leur nombre et leurs rapports réciproques n'ont pas varié, leur orientation seule s'est légèrement modifiée : dans la plupart des Insectes Broyeurs, ces articles se superposaient verticalement ; ici, au contraire, le segment terminal s'applique sur la face externe de l'article basilaire, sans s'insérer sur sa face supérieure, légère modification qui ne saurait faire méconnaître la signification morphologique de ces parties.

Quant à la disproportion existant entre les deux segments du galéa, elle doit encore moins surprendre l'observateur qui a déjà pu en constater les effets, à des degrés divers, chez le *Perla intricata* et le *Forficula auricularia.*

En exposant les **caractères** généraux de la mâchoire chez le *Termes lucifugus* (voy. p. 12), j'insistais sur la puissance exceptionnelle de cet organe. Toutes ses pièces constitutives réflètent ce caractère, concourant à augmenter la solidité de la maxille.

Lorsqu'on examine le galéa isolé, on croirait avoir sous les yeux une mandibule arrachée de l'armature buccale de quelque Insecte voisin. Qu'on imagine, en effet, une pièce large et résistante, doublée extérieurement par une côte épaisse, excavée légèrement sur sa face interne : tel est l'aspect du galéa qui, l'on peut facilement en juger par cette courte description, ne rappelle guère la physionomie habituelle de l'appendice.

Cependant, même ici, sur un galéa si profondément modifié, l'analyse morphologique peut encore faire découvrir les détails essentiels de son organisation : elle ne se résume pas, comme on pourrait le croire tout d'abord, en une pièce unique ; mais s'exprime par l'union de deux segments qu'un minutieux examen

fait distinguer. A la base du galéa, se trouve un segment court, de forme irrégulière, rappelant le sous-
maxillaire de certains *Blaps*, et supportant un second
article, dont le développement imprime au galéa une
apparence toute spéciale. On ne peut plus le comparer au cimier d'un casque ; mais néanmoins, et
en dépit de l'élargissement qui le modifie si profondément, on reconnaît encore une réelle inflexion qui lui
permet de venir s'incurver légèrement en dehors de
l'intermaxillaire correspondant ; parfois même, sur
certains individus, l'extrémité supérieure semble se
détacher sous l'aspect d'un tubercule apicilaire et
dentiforme, affirmant ainsi, dans les moindres détails,
l'intime parenté qui unit les divers appendices.

Il est des espèces dont le galéa, tout en ne laissant
pas d'offrir des caractères intéressants, ne présente
pourtant que des particularités secondaires. Tel le
Psocus quadrimaculatus, avec son galéa à double
courbure. Je me borne à mentionner de semblables
types, jugeant plus utile d'insister sur ceux qui offrent
une réelle importance pour la morphologie zoologique. C'est le cas des espèces suivantes et l'on peut
facilement s'en convaincre, dès qu'on les étudie avec
quelque attention.

Le *Decticus verrucivorus* suffirait à l'établir : de
prime abord, son galéa semble fort simple ; la vé-

ritable signification de cette pièce, l'origine de ses modifications, etc., n'apparaissent que quand on invoque certaines notions fournies par l'observation des types précédents.

On a constaté que chez certains d'entre eux, spécialement chez le *Perla intricata*, le galéa offrait un aspect des plus rudimentaires : il se montrait comme un corps bacilloïde, composé de deux segments égaux par leur diamètre, sinon par leur longueur, et décrivant à peine une légère courbure. Or, il suffit d'atténuer encore cette tendance à l'incurvation et d'effacer toute ligne de démarcation entre les deux articles galéaires pour obtenir la forme propre au *Decticus verrucivorus*.

Le galéa s'y trouve figuré par une tige grêle et étroite, légèrement infléchie vers l'axe de l'orifice buccal, n'offrant aucune division segmentaire, mais portant sur son bord externe de fines soies résistantes. Rare chez le galéa, ce dernier caractère acquiert ainsi une valeur nouvelle, puisqu'il permet de rapprocher encore plus étroitement, des pièces voisines, l'appendice sur lequel on l'observe.

On sait, en effet, pour ne citer que les Insectes mentionnés dans ce travail, combien sont nombreuses les productions sétiformes qui se voient sur le premier article du palpe maxillaire chez le *Perla intricata*, sur la totalité du palpe dans le *Forficula auricularia* et l'*OEdipoda cinerascens*, sur l'intermaxillaire de l'*Oligotoma Saundersii*, du *Phasma Japetus*, etc.

Dans l'une des espèces qui viennent d'être citées, chez l'*Oligotoma Saundersii*, le galéa se montre, comme chez le *Decticus verrucivorus*, composé d'un seul segment, mais sa forme est bien différente de celle qu'il offrait dans l'espèce dont je viens de rappeler le nom.

Il débute par une portion extrèmement grêle, très effilée même, qui bientôt commence à se développer progressivement. Au delà se voit la partie moyenne ; elle est prismatique, et, d'abord assez large, se rétrécit brusquement pour porter la portion terminale.

Cette dernière partie offre des dimensions transversales réellement considérables, si on les compare à celles des parties inférieures du galéa. Aussi ce dernier en acquiert-il l'aspect d'une véritable massue. Mais, en dépit de la singulière configuration qui le caractérise chez l'*Oligotoma Saundersii*, il y traduit encore la forme originelle, s'y recourbant dans sa partie apicilaire comme pour refléter la courbure en cimier qui le distinguait dans la plupart des types précédents.

Avec l'*OEdipoda cinerascens*, le *Decticus verrucivorus* et l'*Oligotoma Saundersii*, on a rencontré des galéas singulièrement bizarres; mais il est un type qui, à un autre point de vue, sous le rapport des variations de cette pièce, offre un intérêt encore plus considérable; je veux parler du *Mantis religiosa* qui mérite une attention spéciale.

Fort souvent, le galéa s'y montre (fig. 20) sous l'as-

Fig. 20. — *Mantis religiosa* : galéa.

pect d'une pièce unique, élargie dans sa partie inférieure, puis se rétrécissant pour constituer une tige plus ou moins grêle, plus ou moins renflée, parfois même rectiligne; à son extrémité supérieure, cette tige devient bifide, portant deux saillies ou pointes, l'une externe et située sur le prolongement de la tige galéaire, l'autre interne et située en dedans de cet axe.

Il semble donc que le galéa de la Mante religieuse soit toujours formé par une pièce unique et nullement segmentée. Mais, parfois, on constate cependant un retour vers la forme normale : la partie basilaire et renflée se sépare alors de la tige par une limitante qui se montre à une hauteur variable et dessine un article inférieur (fig. 21), semblable à celui qui s'observe dans le galéa de la plupart des Insectes.

D'autre part, on a vu que la tige ne se recourbe pas seulement en dedans, elle se bifurque et porte une dent interne que divers entomologistes ont figurée, mais sans lui accorder grande attention. Or, en morphologie comparée, il n'est pas de détail, si secondaire qu'il semble en apparence, qui puisse être

Fig. 21. — *Mantis religiosa* : galéa.

négligé. L'existence de cette saillie offre un intérêt tout particulier, conduisant à rapprocher le galéa de l'intermaxillaire.

J'ai rappelé, plus haut, comment plusieurs auteurs avaient cru pouvoir désigner, par des termes peu différents, ces appendices dont ils avaient évidemment reconnu la parenté qui apparaît si nettement chez les Forficulides, etc.

Mais l'intermaxillaire, en outre de ses disposi

tions propres, se caractérise surtout par l'existence d'une saillie apicilaire assez constante, assez autonome pour être distinguée comme une pièce particulière (prémaxillaire).

On comprend combien le rapprochement entre le galéa et l'intermaxillaire se trouverait légitimé si l'on pouvait retrouver, à l'extrémité du galéa, une formation comparable au prémaxillaire. Cette conception se trouverait réalisée si la saillie interne qui existe sur le galéa du *Mantis religiosa* se séparait du corps galéaire par une limitante particulière : telle est en effet la disposition qui s'observe chez certains individus (fig. 22), achevant ainsi d'établir tout

Fig. 22. — *Mantis religiosa* : galéa.

l'intérêt qui s'attache à l'étude du galéa de cette espèce et montrant, une fois de plus, combien il est indispensable de multiplier les sujets d'observation, même chez un type donné.

INTERMAXILLAIRE. — Placé à la partie interne de la mâchoire, l'intermaxillaire s'insère sur le sous-galéa, ou, à son défaut, sur le maxillaire. Son bord libre est souvent garni de dents, de pointes, d'aiguillons, de soies ou de poils. Il porte généralement, à sa partie supéro-interne, le prémaxillaire qui peut cependant manquer, ou tout au moins ne pas exister à l'état de pièce indépendante.

Mac-Leay l'a désigné sous le nom de *lacinia*, terme qui rappelle fort heureusement l'aspect de sa face interne. Erichson lui a donné le nom de *stipe*, plus difficile à justifier ; j'ai déjà eu l'occasion d'expliquer la signification des termes de *lobe interne* (Latreille) et de *lobe inférieur* (Kirby et Spence). Audouin avait adopté celui d'*entognathe*, qui traduit assez bien la situation de cette pièce, à la partie interne de la mâchoire. Straus-Durckeim et Brullé l'ont désigné sous le nom d'*intermaxillaire* que je crois devoir conserver ici ; cette expression rappelle que lorsque les deux mâchoires se rapprochent, elles se trouvent immédiatement en rapport entre elles par ces pièces internes.

Par ses dents, ses saillies et ses poils, comme par sa situation, l'intermaxillaire est évidemment, de toutes les parties de la mâchoire, celle qui peut le mieux concourir à la préhension et à la rétention des aliments ; mais la médiocre solidité du corps maxillaire lui permet rarement d'agir avec une force suffisante. Dans la plupart des cas, les deux intermaxillaires fonctionnent plutôt comme des râteaux que comme les branches d'une ·pince puissante. Il en est autrement pour leurs homologues mandibulaires, ainsi que je l'ai montré dans un autre travail.

Pour observer un intermaxillaire normalement constitué, on peut s'adresser au *Carabus auratus* (fig. 23), au *Blaps producta*, etc.

Fig. 23. — *Carabus auratus :* intermaxillaire surmonté du prémaxillaire.

La base de la pièce engrène avec le sous-galéa ; supérieurement, une facette articulaire reçoit le prémaxillaire.

La face interne est pilifère, laciniée, etc. Les appendices sétiformes peuvent disparaître sur une partie de son étendue, spécialement chez le *Blaps* qui forme le passage au *Locusta viridissima*.

La Locuste présente un intermaxillaire plus développé que dans les deux types précédents, mais se rapprochant de celui du *Blaps* par l'état de sa face interne, supérieurement dépourvue de productions piliformes ou sétiformes, dont l'absence se trouve compensée par des formations qui vont apparaître fréquemment sur l'intermaxillaire de diverses espèces, augmentant singulièrement la puissance de cette pièce.

Qu'on imagine deux énormes dents acérées et recourbées, fixées sur la partie supérieure de la face interne qu'elles viennent couronner immédiatement au-dessous du prémaxillaire, et l'on se fera une idée assez exacte des parties qui viennent compliquer ainsi l'intermaxillaire dont elles accentuent singulièrement la valeur fonctionnelle. On aura d'ailleurs bientôt l'occasion de les retrouver chez plusieurs autres Insectes.

L'attention se concentre effectivement vers la face interne : sur l'intermaxillaire du Termite, elle porte une dent très allongée ; chez le *Phasma Japetus*, elle débute par une énorme saillie pilifère, puis s'excave et se termine par des dents acérées.

Dominées par le prémaxillaire, celles-ci se retrouvent chez le *Decticus verrucivorus*.

Sur l'intermaxillaire du *Gryllus domesticus*, on ne voit plus qu'une dent apicilaire, tendant vers une

simplification qui s'accentue nettement chez la Forficule.

Le *Mantis religiosa* offre un intermaxillaire qui
ne le cède nullement, en intérêt, aux autres pièces
de sa mâchoire. L'étude de la face interne le montre
clairement

J'ai déjà eu l'occasion de faire ressortir la justesse
du terme de « lacinia » sous lequel cette pièce a été
parfois désignée et l'on a vu, par différents exemples,
combien cette expression était facile à justifier chez
divers Insectes; mais, tandis que précédemment
l'aspect lacinié ou pectiniforme était dû à un simple
revêtement pileux, ici ce sont d'épaisses et nombreuses dents chitineuses qui viennent relever la
surface de l'intermaxillaire, augmentant sa puissance
dans une large mesure.

La face interne porte supérieurement une forte
dent très aiguë, qui tient la place du prémaxillaire
absent, et au-dessous de laquelle s'étagent plusieurs
autres dents, moins allongées, mais encore acérées,
dures et résistantes. Ici la mâchoire égale, en force
et en solidité, les mandibules les plus redoutables
et les mieux armées.

Pour terminer cet aperçu des variations morphographiques de l'intermaxillaire, je ne saurais choisir
un meilleur type que le *Psocus quadrimaculatus*,

dans lequel cette pièce se montre sous les traits classiques du galéa, affirmant quelles étroites affinités réunissent ces appendices de la mâchoire.

PRÉMAXILLAIRE. — Comptant, avec le palpigère et le sous-galéa, parmi les pièces secondaires et inconstantes de la mâchoire, le prémaxillaire n'en offre pas moins un intérêt tout particulier.

Son étude doit même être poursuivie avec une minutieuse attention ; celle-ci est nécessaire pour permettre de le distinguer des saillies et des dents de l'intermaxillaire, sur lequel il s'insère.

Complétant et dominant supérieurement la lacinia, le prémaxillaire représente, quand il est fixe, un crochet puissant et recourbé qui concourt efficacement à retenir les aliments ou à maintenir la proie qui se débat entre les pièces buccales. Mobile, le prémaxillaire s'adapte mieux encore à ce rôle : s'associant aux mouvements de l'intermaxillaire, il joue, comme un onglet articulé, au sommet de ce « doigt interne ».

Ses dimensions ne variant guère plus que son mode de fonctionnement, on prévoit que ses modifications seront peu nombreuses et assez limitées. L'observation l'établit effectivement ; quelques mots suffisent à résumer la morphographie comparée du prémaxillaire.

Parfois absent, mais souvent très puissant chez le *Locusta viridissima* (fig. 24), il conserve sensiblement

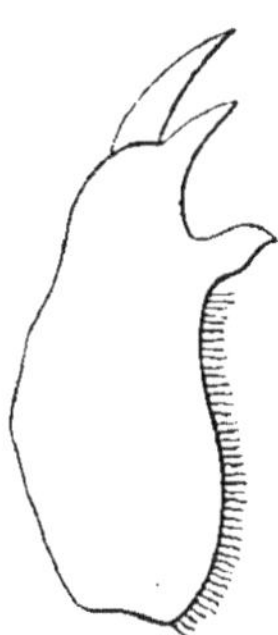

Fig. 24. — *Locusta viridissima* : intermaxillaire et prémaxillaire.

les mêmes caractères chez le *Forficula auricularia*, il est plus réduit, encore conique, chez le *Decticus verrucivorus* ; assez large transversalement dans le *Phasma Japetus*, il reprend son aspect unciforme chez le *Gryllus domesticus*, le *Blaps producta*, le *Carabus auratus*, etc.

3. — Valeur respective des pièces maxillaires.

Après avoir exposé la constitution générale de la
mâchoire, après avoir résumé les caractères essentiels et les variations morphographiques de ses différentes pièces, il devient nécessaire de les comparer
dans leur valeur respective. On a vu que quelques-
unes d'entre elles (palpigère, sous-galéa, intermaxillaire) se montraient secondaires et pouvaient faire
défaut ; mais cette notion ne saurait suffire : pour être
réellement fécondes, les recherches précédentes
doivent conduire à une rigoureuse appréciation des
diverses pièces maxillaires, considérées chez les Insectes Broyeurs. Ce sera seulement ensuite qu'on
pourra en aborder l'étude chez les Insectes Lécheurs
et chez les Insectes Suceurs.

Sous-maxillaire. — Qu'on l'examine au point de
vue physiologique ou morphologique, le sous-maxillaire possède une incontestable valeur : sa constance, sa situation à la base de la mâchoire qu'il
supporte tout entière, suffisent à l'établir.

Cependant cette pièce a été fort imparfaitement étudiée par la plupart des observateurs qui, souvent même, n'ont pas cru devoir la distinguer sous un nom spécial. Ce reproche ne saurait toutefois s'adresser à Brullé, ni à Kirby et Spence.

Les deux entomologistes anglais ont parfaitement reconnu l'autonomie de la pièce basilaire ; ils lui ont même donné un nom rappelant assez exactement certains de ses caractères : le terme de *cardo* (charnière) exprime effectivement, d'une manière aussi précise qu'heureuse, le rôle de cette partie, destinée à se mouvoir en ginglyme sur la région céphalique voisine et devant assurer, en outre, les mouvements généraux de la mâchoire.

Brullé semble également avoir interprété, avec sagacité, la fonction du sous-maxillaire. Mais depuis l'époque, déjà lointaine, où furent publiés ses travaux, l'étude du sous-maxillaire n'a cessé d'être constamment négligée; à peine se borne-t-on à mentionner, vers la base de la mâchoire, un « segment rond ou carré ». Une pareille description n'est pas seulement trop sommaire pour fournir aucune notion utile, elle est encore, et surtout, entièrement en désaccord avec les faits révélés par l'observation ; celle-ci montre, en effet, que le sous-maxillaire de la mâchoire revêt une diversité de formes, une inégalité de développement que ne peut nullement résumer une formule générale. Pour en apprécier les caractères avec la rigueur nécessaire, il est indispensable de multiplier les sujets d'étude et de les choisir convenablement.

C'est pour avoir méconnu ces principes, c'est pour avoir limité leurs recherches hâtives à deux ou trois espèces fortuitement rencontrées, que divers auteurs ont été entrainés vers de regrettables généralisations trop rapidement conçues, trop imparfaitement appuyées pour réaliser le moindre progrès. On pourra s'en convaincre en rapprochant, de leurs aperçus, les résultats fournis par les observations dont on a pu suivre l'exposé dans le chapitre précédent.

Bien que j'aie dû me borner à résumer les faits essentiels, ils suffisent à montrer, d'une part, tout l'intérêt qui s'attache à l'étude du sous-maxillaire, et, d'un autre côté, la diversité qui peut s'observer dans les caractères essentiels de cette pièce. Néanmoins les auteurs la passent presque toujours sous silence, se contentant, trop souvent, de distinguer dans la mâchoire « un corps, un palpe, un lobe externe et un lobe interne ».

C'est méconnaître la signification, l'existence même du sous-maxillaire. En outre de son importance physiologique, importance considérable, puisqu'il règle les mouvements de totalité de la mâ-

choire, il offre une haute valeur morphologique :
bien souvent chez divers Arthropodes et dans différents appendices profondément modifiés, ce sera le
sous-maxillaire qui demeurera l'une des parties les
plus constantes, semblant affirmer hautement le rôle
qu'il doit remplir.

Quant à essayer de résumer ses caractères en une
formule unique, il suffit de se reporter aux descriptions précitées pour se convaincre de l'inanité d'une
semblable tentative : si le sous-maxillaire se montre
le plus souvent sous l'aspect d'une pièce courte et
transversalement orientée (*Oligotoma Saundersii*,
OEdipoda cinerascens, *Blaps producta*, etc.), il peut
revêtir une forme entièrement différente et prendre
une direction complètement nouvelle. Le fait est
déjà facile à constater chez le *Phasma Japetus*; il
est plus accentué chez le *Termes lucifugus*.

Enfin, on voit parfois les traits essentiels se modifier si profondément que le sous-maxillaire apparaît alors sous l'aspect d'une pièce verticale et
allongée ; tel est le cas du *Forficula auricularia*, du
Mantis religiosa, etc.

Ces différences expliquent et justifient, au moins
en une certaine mesure, les diverses dénominations
données successivement à cette pièce.

Tout d'abord, lorsqu'on ne possède que des notions.

vagues et rudimentaires sur sa constitution et sur ses variations, on s'étonne de voir des observateurs éminents, Kirby et Spence, Straus-Durckeim, Audouin, la désigner sous les noms si différents de *cardo*, de *branche transverse* et de *style*. Il semble qu'il soit impossible de concilier de pareilles divergences, et cependant on y parvient aisément en poursuivant une étude analytique minutieuse, surtout en l'étendant à de nombreux types, convenablement choisis.

On voit alors que si le terme de *cardo* (Kirby et Spence) convient dans les cas nombreux où domine la forme en charnière, celui de *branche transverse* (Straus-Durckeim) exprime de son côté le mode le plus fréquent d'orientation. Le mot de *style* (Audouin), semble plus difficile à légitimer; on en trouve cependant l'explication dans l'aspect qui s'observe chez quelques Insectes, particulièrement dans le *Forficula auricularia* et dans le *Mantis religiosa* (fig. 25).

Fig. 25. — *Mantis religiosa :* sous-maxillaire.

En résumé, aucune de ces trois dénominations ne saurait s'appliquer à l'ensemble des états offerts par le sous-maxillaire; ce dernier terme, adopté par

Brullé, offre le double avantage de rappeler la situation et les rapports, sans préjuger aucunement la forme ou les variations ; aussi mérite-t-il d'être préféré pour désigner cette pièce, dont on peut maintenant reconnaitre l'importance et les caractères fondamentaux.

Maxillaire. — Ainsi qu'on a pu s'en convaincre, par la lecture des deux chapitres précédents, l'importance du maxillaire est considérable : formant le centre de la mâchoire, dont il supporte les divers appendices, le maxillaire ne peut échapper à l'examen le plus superficiel.

On ne l'a donc que rarement méconnu, mais on n'a que peu cherché à l'apprécier exactement : c'est vaguement et sans nulle précision que se trouvent esquissés ses rapports, sa situation, ses variations. Qu'il s'agisse des Orthoptères, des Névroptères et des Coléoptères, les descriptions demeurent toujours aussi générales, aussi peu rigoureuses.

En les compulsant, on est tenté de regarder le maxillaire comme constant dans sa forme et ses attributs. Ses variations sont pourtant nombreuses, si nombreuses que, seule, l'analyse comparative permet de les grouper méthodiquement.

Peu développé chez le *Blaps producta*, les Psocides, l'*Oligotoma Sundersii*, le maxillaire accentue son importance dans les autres types décrits plus haut. Il peut y offrir une orientation fort différente suivant les cas : transversal ou horizontal chez le *Forficula auricularia*, l'*OEdipoda cinerascens* et le *Mantis religiosa*, il devient vertical ou droit chez le *Phasma Japetus*, le *Carabus auratus*, le *Gryllus domesticus*, le *Decticus verrucivorus* et le *Locusta viridissima*.

Des modifications aussi profondes portent avec elles leur enseignement, et montrent, une fois de plus, combien il est indispensable de multiplier et de comparer les types. C'est seulement ainsi qu'on peut être assuré de les interpréter avec une rigueur véritablement scientifique.

Palpigère. — Si le maxillaire a été tout au moins mentionné dans la plupart des cas, on n'en saurait dire autant du palpigère.

D'une existence peu constante, d'une autonomie parfois difficile à reconnaître, cette pièce a été presque totalement négligée.

Pour la distinguer sûrement, pour en apprécier les caractères et les rapports, on doit tout d'abord disséquer attentivement les parties voisines. De minutieuses précautions sont nécessaires non seulement pour étudier le palpigère en lui-même, mais pour le différencier des articles basilaires du palpe, comme du sous-galéa, etc.

En procédant de la sorte, on constate que, loin d'être négligeables, ses modifications sont aussi nombreuses que diversifiées. Une étude rigoureuse permet de les relier entre elles et de les rapprocher en trois groupes principaux. Ils sont résumés dans le tableau suivant que j'ai établi en 1884 et qui, depuis lors, a été souvent reproduit :

I. Palpigères à élongation verticale....

Forficula auricularia.
Psocides.
Gryllus domesticus.
Mantis religiosa.

II. Palpigères à élongation transversale.

OEdipoda cinarescens.
Phasma Japetus.
Decticus verrucivorus.

III. Palpigères anormaux...............

Termes lucifugus.
Carabus auratus.
Blaps producta.
Oligotoma Saundersii.
Locusta viridissima.

Palpe maxillaire. — La morphographie comparée du palpe, telle qu'elle se trouve résumée dans le précédent chapitre, permet de formuler d'intéressantes conclusions, qu'on ne saurait même pressentir si l'on se bornait à invoquer les notions généralement admises.

Contrairement aux assertions classiques, rien de plus variable que la forme, la taille, la courbure du

palpe; rien également de moins constant que le nombre des articles qui s'y superposent.

Au point de vue physiologique, faut-il rappeler
que si tous les auteurs s'accordent à reconnaître
la valeur fonctionnelle du palpe, il en est peu qui
se soient jamais préoccupés de savoir comment
il se modifiait suivant les divers rôles qu'il doit
remplir?

En dehors des actes sensoriels, auxquels il peut
être associé et que je n'ai pas à étudier ici (1), le
palpe maxillaire doit concourir à assurer la préhension et la mastication des aliments, en les retenant
sur les bords de la bouche et en les ramenant sous
les pièces manducatrices. Or, pour agir de la sorte,
il doit être tout à la fois très solide et fort mobile;
tantôt ces deux conditions s'imposent également;
tantôt l'une d'elles se trouvera plus spécialement
réalisée. On a vu comment la constitution du palpe
répondait, suivant les cas, à ces desiderata.

Le palpe doit-il intervenir à la manière d'une
pelle large et solide, rassemblant les substances alimentaires et les jetant rapidement vers l'orifice buccal? On voit la base s'élargir, engrenant fortement
avec le palpigère; puis, sur cette base, s'élèvent des
articles larges, peu mobiles les uns sur les autres.
Quant aux mouvements de l'ensemble, ils sont limités

(1) Voy. Joannes Chatin, *Les organes des sens dans la série animale*, 1880.

par le jeu même de la charnière qui unit le palpigère à l'article basilaire. Le *Termes lucifugus* fournit un excellent exemple de ces dispositions. ·

Le palpe doit-il, sans perdre de sa solidité, posséder des mouvements d'ensemble plus étendus? L'article basilaire s'arrondit, assurant ainsi un déplacement plus facile sur le palpigère. Tel est le but atteint par la constitution de divers palpes (*Blaps producta*, etc.).

Dans certains cas, pour des palpes plus réduits, le même résultat est obtenu en amincissant le premier article et le terminant par un petit bouton, par une petite tête articulaire. On observe ces dispositions chez le *Carabus auratus*.

Fig 26. — *Gryllus domesticus* : palpe maxillaire.

Bien souvent, la mobilité l'emporte sur la solidité: non seulement le palpe doit pouvoir se dépla-

cer aisément sur sa base, mais sa tige se brise par
des articulations aussi multiples que possible. On
trouve alors des galets qui se disposent, soit à la base
de l'organe (*Gryllus domesticus* (fig. 26), *Phasma Japetus*), soit entre le premier et le second article
(*Psocides*). Les autres segments s'amincissant à leur
partie inférieure (*Forficula auricularia, OEdipoda
cinerascens, Phasma Japetus*) et ne prenant qu'un
point d'appui fort limité, peuvent ainsi osciller en
tous sens pour amplifier, dans une proportion souvent considérable, le jeu d'un organe dont on s'est
généralement borné à considérer les traits généraux,
sans chercher à pénétrer dans les détails de son histoire, aussi intéressante pour la physiologie comparée
que pour la morphologie générale.

Sous-galéa. — Comme le palpigère, le sous-galéa
peut faire défaut chez diverses espèces. Était-ce une
raison suffisante pour en négliger l'étude, au point
d'en méconnaître totalement la signification?

Ses rapports mêmes ont été fort inexactement
appréciés. La preuve en est dans ces dénominations
d' « hypodactyle » et de « sous-galéa » léguées par
Audouin et Brullé.

Elles n'expriment qu'un des rapports de la pièce.
Celle-ci ne supporte pas seulement le dactyle ou
galéa ; elle donne également attache à l'intermaxil-

laire et cette double relation domine l'ensemble de sa constitution.

A l'exception du *Blaps producta* et des Psocides qui représentent des formes aberrantes, dont j'ai fait connaître l'origine, on voit que partout cette constitution du sous-galéa se trouve déterminée par la double insertion du galéa et de l'intermaxillaire.

La face supérieure en offre généralement des indices, soit qu'elle porte deux cavités articulaires successives, comme dans le *Decticus verrucivorus*, soit qu'elle présente deux facettes inclinées en différents sens comme chez le *Forficula auricularia*, ou qu'elle exagère encore les caractères propres à chacune de ses deux surfaces articulaires, comme dans le *Gryllus domesticus* et le *Phasma Japetus*.

Parfois ces rapports, s'accentuant davantage, retentissent sur la constitution générale du sous-galéa et peuvent même déterminer un véritable dédoublement de cette pièce. Le *Mantis religiosa* offre assez souvent l'exemple d'une pareille disposition qui semble tout d'abord impossible à expliquer, mais dont l'interprétation ne saurait plus offrir maintenant la moindre difficulté.

GALÉA. — En forme de casque chez de nombreuses espèces (*Phasma Japetus, Gryllus domesticus*, etc.), le galéa s'allonge en baguette chez le *Perla intricata*, se renfle en massue dans l'*Oligotoma Saundersii*, se recourbe en faucille chez le *Forficula auricularia*, le *Termes lucifugus*, etc.

Glabre dans de nombreuses espèces, il peut porter de nombreux poils ou soies, comme chez le *Decticus verrucivorus*.

Généralement formé de deux articles, il ne montre parfois qu'un seul segment (*Oligotoma Saundersii*, *Decticus verrucivorus*, etc.), tandis que chez d'autres Insectes on lui compte trois segments, comme dans le *Locusta viridissima*, ou comme dans le *Mantis religiosa* qui, semblant résumer toutes les variations de forme et de complexité, vient clore cette série d'études comparatives.

Si multiples et si étendues qu'elles aient pu être, elles ne sauraient donner une notion suffisante du galéa et de son importance morphologique. Les Broyeurs, fort instructifs pour nombre de points relatifs à l'histoire comparée des organes buccaux, ne fournissent ici que des aperçus élémentaires. Ce sera ailleurs, chez les Suçeurs, que s'affirmera la haute valeur du galéa; on ne laissera pas alors d'être surpris du rôle qu'il acquiert dans les diverses adaptations fonctionnelles de la mâchoire.

INTERMAXILLAIRE. — Tout en n'offrant pas, dans la mâchoire, une importance égale à celle qu'il présente dans la mandibule, l'intermaxillaire prend cependant une part trop considérable à la constitution générale de l'organe pour ne pas réclamer une attention particulière dans son étude. En dépit du silence dont on l'a trop longtemps et trop souvent entouré, il est facile de constater quelle valeur physiologique il possède et quelles variations morphologiques il peut offrir.

Qu'il soit complété par la présence d'un prémaxillaire, ou que celui-ci fasse défaut, l'intermaxillaire ne s'en trouve pas moins conformé de la manière la plus heureuse pour retenir, rassembler ou même diviser les aliments. Qu'il soit simplement pilifère comme chez le *Carabus auratus* et le *Blaps producta*; qu'aux poils et aux soies viennent s'ajouter des dents chitineuses et acérées (*Locusta viridissima, Phasma Japetus*); que celles-ci existent seules, ainsi qu'on l'observe dans le *Decticus verrucivorus* et le *Mantis religiosa*, le but ne s'en trouve pas moins atteint.

Tantôt à peine infléchi (*Termes lucifugus, Forficula auricularia*), souvent incurvé et déchiqueté en différents sens (*Gryllus domesticus, Phasma Japetus, Mantis religiosa*, etc.), l'intermaxillaire ne cesse d'affirmer sa signification fonctionnelle, s'adaptant aux diverses conditions qu'il doit remplir.

PRÉMAXILLAIRE. — Le prémaxillaire doit être rangé, avec le palpigère et le sous-galéa, parmi les parties les moins constantes de la mâchoire; peut-être même fait-il plus souvent défaut que les deux autres pièces dont je viens de le rapprocher; mais ce ne saurait être une raison pour en négliger l'étude. Malgré son inconstance et ses faibles dimensions, il se prête à d'intéressantes considérations; on a pu déjà s'en convaincre.

Il apparaît généralement sous l'aspect d'un article dentiforme, fixé sur le sommet de l'intermaxillaire et souvent mobile sur celui-ci (Cicindèles, Hydrophiles, etc.). Son autonomie ne saurait donc être contestée, mais une certaine attention est nécessaire pour le distinguer des dents, épines et saillies qui l'environnent, se tenant prêtes à le suppléer dès qu'il vient à manquer.

Souvent unciforme, il a reçu de Latreille le nom d' « onglet »; d'Audouin, celui d' « ongle », et de Kirby et Spence, celui d'« uncus ». Straus-Durckeim et Brullé ont adopté la dénomination de « prémaxillaire » que j'ai cru devoir conserver.

Il est inutile de revenir sur les caractères et les variations du prémaxillaire. Les faits, que j'ai précédemment exposés, permettent d'en juger chez le *Gryllus domesticus*, le *Decticus verrucivorus*, le *Locusta viridissima*, le *Forficula auricularia*, le *Phasma Japetus*, le *Blaps producta*, etc.

Les détails mêmes, dont j'ai entouré ces descriptions, montrent tout l'intérêt que je reconnais au prémaxillaire. Néanmoins son importance ne saurait être exagérée, sans dépasser les limites tracées par les résultats de l'observation. Celle-ci ne justifie nullement les vues de Brullé, qui inclinait à accorder au prémaxillaire une valeur exceptionnelle, le dotant d'une complexité que l'anatomie est impuissante à retrouver dans la série des Broyeurs, chez quelque type que ce soit.

Rien n'autorise donc de semblables conceptions; tout oblige, au contraire, à ne voir dans le prémaxillaire qu'une partie secondaire et accessoire.

Le moment est venu de déduire, des études précédentes, les conclusions que comporte l'analyse morphographique de la mâchoire chez les Insectes Broyeurs.

Après avoir étudié la mâchoire dans son ensemble et dans ses pièces formatrices, j'ai examiné isolément chacune de celles-ci, puis j'ai cherché à établir

leur valeur respective. Il convient maintenant de
grouper méthodiquement les faits ainsi acquis, de
les soumettre à une synthèse rapide, de montrer
quelle part revient à chacune des pièces maxillaires
dans la constitution de l'organe, quel rôle leur in-
combe dans son fonctionnement général.

Rien de plus facile que de déterminer actuellement, sous ces divers points de vue, la signification
qui doit être attribuée au sous-maxillaire.

Destiné à supporter l'ensemble de la maxille, à lui
donner une base suffisante et à assurer son articulation avec les parties ambiantes, le sous-maxillaire
revêt généralement une forme qui lui permet de remplir, aussi parfaitement que possible, ces conditions
multiples.

Chez l'*Oligotoma Saundersii*, l'*OEdipoda cinerascens* (fig. 27), le *Gryllus domesticus*, le *Phasma
Japetus*, c'est simplement, et malgré diverses modi-
cations secondaires, une sorte de socle transversalement disposé et surtout développé en largeur.

Incliné chez le *Carabus auratus* et le *Termes lucifugus*, le sous-maxillaire revêt, chez le *Forficula
auricularia* et le *Mantis religiosa*, une forme complètement inattendue, s'allongeant dans le sens vertical.

L'importance du sous-maxillaire est donc surtout

physiologique, cette pièce devant assurer les mouvements de la mâchoire sur la région céphalique voisine.

L'intérêt qui s'attache au maxillaire est fort différent, car il s'affirme essentiellement comme d'ordre morphologique.

Représentant le centre de la mâchoire, le maxil-

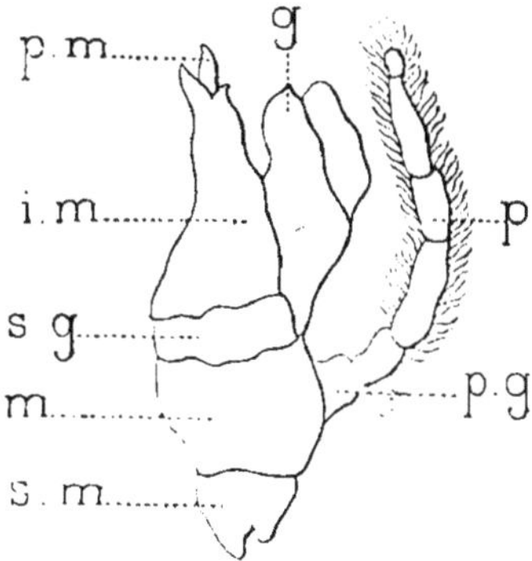

Fig. 27. — *OEdipoda cinerascens*, Mâchoire : *s. m*, sous-maxillaire; *m*, maxillaire; *p. g*, palpigère; *p*, palpe maxillaire; *i. m*, inter-maxillaire; *p. m*, prémaxillaire.

laire concourt à déterminer la forme générale de l'organe. Aussi se modifie-t-il fréquemment : droit chez le *Decticus verrucivorus* et le *Locusta viridissima*, transversal dans le *Forficula auricularia* et l'*OEdipoda cinerascens*, il peut également offrir de nombreux aspects sur lesquels il est inutile de revenir (*Blaps producta, Oligotoma Saundersii, Gryllus domesticus, Phasma Japetus, Mantis religiosa*, etc.).

Si le maxillaire est la pièce centrale, fondamentale de la mâchoire, on n'en peut dire autant du palpigère qui doit être compté parmi les parties les plus inconstantes et les plus secondaires de l'organe.

On a vu cependant que son étude ne saurait être négligée, sous peine de méconnaître les résultats les plus démonstratifs de l'observation directe.

Étendu surtout en largeur chez le *Decticus verrucivorus* et le *Phasma Japetus*, franchement vertical dans le *Mantis religiosa*, le palpigère subit diverses variations chez le *Forficula auricularia*, l'*OEdipoda cinerascens*, le *Gryllus domesticus*, le *Termes lucifugus*, le *Blaps producta*, l'*Oligotoma Saundersii*, le *Carabus auratus*, le *Locusta viridissima*, etc.

Le palpe maxillaire, qui a été connu du jour où l'on a examiné une mâchoire d'Insecte, offre, dans son aspect général, des traits si vulgairement classiques qu'il est inutile de les rappeler. Toujours multiarticulé, il se présente comme un long appendice mobile et dactyliforme, placé au côté externe du maxillaire, soit qu'il s'insère directement sur cette pièce, soit qu'il s'y fixe par l'intermédiaire du palpigère.

En dehors de ces caractères généraux, on peut relever de fréquentes modifications portant soit sur la forme du palpe, soit sur son mode d'articulation, soit enfin sur le nombre et l'agencement réciproque de ses articles.

De nombreux faits, aussi intéressants que peu connus, ont été ainsi révélés par l'étude des divers types décrits dans ce mémoire et surtout par l'observation du *Forficula auricularia*, de l'*OEdipoda cinerascens*, du *Locusta viridissima*, du *Decticus verrucivorus*, du *Mantis religiosa*, du *Carabus auratus*, du *Blaps producta*, du *Gryllus domesticus*, du *Termes lucifugus*, du *Phasma Japetus*, etc.

Le sous-galéa se prêterait, sous différents points de vue, aux mêmes considérations que le palpigère ; faisant comme lui parfois défaut, il est de même réduit au rôle assez humble de simple support, mais il offre une importance fonctionnelle plus considérable. En effet, il porte non plus une, mais deux pièces maxillaires : le galéa en dehors, l'intermaxillaire en dedans.

On s'explique dès lors la présence d'une double facette articulaire : assez régulièrement disposée chez le *Decticus verrucivorus*, inclinée en deux sens opposés chez le *Forficula auricularia*, elle accentue sa dualité dans le *Gryllus domesticus* et le *Phasma Japetus*. Enfin, chez le *Mantis religiosa*, on observe un véritable dédoublement du sous-galéa qui peut revêtir quelquefois des formes singulièrement aberrantes (*Blaps producta*, etc.).

Trop souvent confondu avec le palpe et avec l'intermaxillaire, le galéa possède une incontestable autonomie.

S'élevant au-dessus du corps de la mâchoire, en dedans du palpe, en dehors de l'intermaxillaire, il n'offre ni la gracilité du premier, ni la laciniation du second.

Le plus souvent, il se recourbe au-dessus de l'intermaxillaire à la façon d'un casque ou d'un cimier; cette forme est si fréquente, si facile à observer, que j'ai cru ne devoir la représenter que chez un petit nombre de | types (*Phasma Japetus, Gryllus*

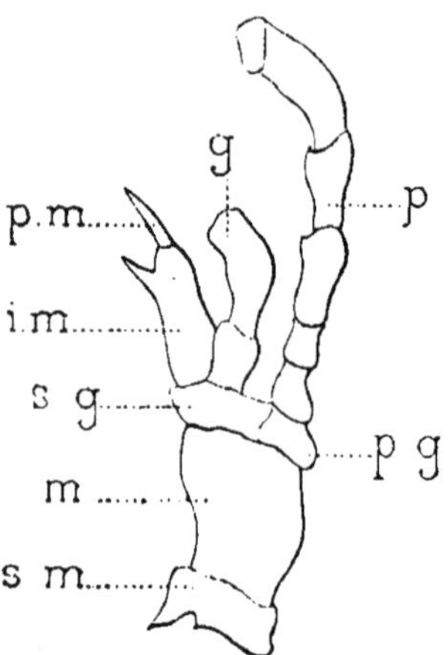

Fig. 28. — *Gryllus domesticus*, Mâchoire : *s. m*, sous-maxillaire; *m*, maxillaire; *p. g*, palpigère; *p*, palpe maxillaire; *i. m*, intermaxillaire; *p. m*, prémaxillaire.

domesticus) (fig. 28), jugeant plus utile de faire connaitre les différents états sous lesquels la pièce se montre parfois et dont la diversité pourrait entraîner quelque erreur d'interprétation.

C'est ainsi qu'on l'a vu claviforme dans l'*Oligotoma Saundersii*, bacillaire chez le *Perla intricata*, etc.

Généralement formé de deux segments, le galéa peut cependant offrir à cet égard d'importantes dissemblances : chez le *Decticus verrucivorus*, il ne possède qu'un seul article ; au contraire, on en compte trois chez le *Locusta viridissima*, le *Mantis religiosa*, etc.

L'intérêt du galéa est surtout morphologique : l'intermaxillaire réclame une attention particulière, au point de vue fonctionnel. On a vu quel rôle il joue pour retenir, rassembler, parfois même diviser les aliments ; aussi se trouve-t-il conformé de la manière la plus favorable à l'accomplissement de ces divers actes.

Non seulement, il se montre très mobile sur sa base, que celle-ci soit fournie par le maxillaire ou par le sous-galéa ; mais il se relève sur sa face interne de saillies, de dents, d'épines, de soies et de poils.

Ces formations impriment à la pièce l'aspect caractéristique qui lui a fait souvent donner le nom de « lacinia », et permettent à l'intermaxillaire de fonctionner suivant les conditions qui viennent d'être indiquées; elles déterminent également les diverses formes qu'il peut offrir et qui ont été suffisamment décrites pour qu'il soit inutile de les rappeler.

Le fonctionnement de l'intermaxillaire se trouverait assuré avec une précision beaucoup plus grande si son sommet portait une pièce indépendante, mobile, capable de se mouvoir, comme une sorte de phalange unciforme, à l'extrémité de cet appendice interne de la mâchoire.

Tel est le rôle du prémaxillaire qui, souvent suppléé par les dents apicilaires de l'intermaxillaire, apparaît dès que la division du travail devient nécessaire pour certains actes préparatoires de la digestion.

Considérées au double point de vue morphographique et physiologique, les pièces maxillaires des Insectes Broyeurs apparaissent, en résumé, comme dominées par une pièce centrale et fondamentale : le maxillaire.

Une pièce basilaire, le sous-maxillaire, en forme comme le soubassement. Trois appendices s'élèvent à sa partie supérieure, savoir : le palpe en dehors, le galéa au centre, l'intermaxillaire en dedans. Trois pièces, secondaires et peu constantes, se rattachent à ces appendices : le palpigère au palpe ; le sous-galéa au galéa et à l'intermaxillaire ; le prémaxillaire à ce dernier seulement.

Pour l'observateur qui limite ses recherches aux Insectes Broyeurs, le maxillaire semble donc posséder une prééminence absolue ; cette prééminence paraît même s'affirmer si hautement qu'on se croit en droit de l'étendre aux formations maxillaires des autres Insectes. Comment ne pas admettre que l'ensemble des adaptations fonctionnelles, corrélatives de tel ou tel régime, ne se traduira pas essentiellement et initialement par un état nouveau du maxillaire ?

La logique semble autoriser une pareille conception ; les faits la renversent et montrent une réelle déchéance dans le maxillaire qui, peu à peu, descend au rang des pièces secondaires. Désormais son intérêt sera des plus faibles, rarement il jouera un rôle de quelque importance dans les adaptations fonctionnelles de la mâchoire.

L'étude des Hyménoptères, des Phryganes, des Lépidoptères et des autres Insectes Suceurs va l'établir par des preuves démonstratives, en même temps qu'elle montrera quelle valeur acquiert telle pièce dont l'importance semble assez secondaire, quand on se borne à la considérer dans la mâchoire des Insectes Broyeurs.

DEUXIÈME PARTIE

INSECTES LÉCHEURS OU HYMÉNOPTÈRES

---

1. — Constitution générale de la mâchoire.

Se nourrissant de substances visqueuses ou pulvérulentes, modifiant, corrélativement à ce mode d'alimentation, les organes qui doivent concourir aux actes initiaux de la digestion, les Hyménoptères constituent ainsi un groupe tout spécial. Au double point de vue du régime et de l'appareil buccal, ils représentent essentiellement les Insectes Lécheurs.

Non seulement l'armature orale s'y montre fort différente de ce qu'elle était chez les Insectes Broyeurs, mais on observe, entre diverses de ses parties, une coalescence manifeste.

Cette tendance s'accentuera mieux encore, chez les Insectes Suceurs. Dès à présent, elle est fort évidente : il semble que la solidarité fonctionnelle des divers organes s'exprime d'abord par leur rapprochement, pour s'accentuer ensuite par la soudure ou la fusion de certaines de leurs pièces formatrices.

Les résultats de cette coalescence peuvent échapper dans un examen rapide ; ils sont surtout facilement méconnus par l'observateur qui n'aura pas procédé par voie d'analyse comparative.

Ainsi s'expliquent les divergences dont mainte description porte la trace ; de graves erreurs ont été commises, de regrettables confusions se sont produites. Elles obligent à reprendre l'étude des différents organes buccaux, lors même qu'on se propose de considérer spécialement tel d'entre eux. C'est effectivement par cette seule méthode qu'on peut éviter les méprises antérieures et rétablir la réalité des faits.

Pour exposer, même succinctement, la constitution de la mâchoire et la valeur de ses pièces formatrices, on est donc nécessairement obligé de donner incidemment place à des détails relatifs soit aux mandibules, soit au labium. Non seulement l'histoire de ces parties se confond, en plus d'un point, avec celle de la mâchoire ; mais, trop souvent, on a considéré comme mandibulaires, labiales, etc., des pièces maxillaires dont il importe de rétablir la véritable signification. La même remarque devra d'ailleurs être étendue aux Insectes Suceurs, auxquels il conviendra dès lors d'appliquer une semblable méthode de recherches et d'exposition.

Ainsi que je le faisais observer dans un précédent travail (1), on a coutume de représenter l'armature buccale des Hyménoptères comme différant totalement de celle des Insectes Broyeurs. D'après la plupart des descriptions classiques, un abîme séparerait ces deux groupes, que nul lien morphologique ne rapprocherait d'une façon immédiate; c'est à peine si l'on admet quelque analogie dans les traits généraux des mandibules. Rien n'est moins exact ; on ne saurait trop s'élever contre une pareille conception, dont l'origine doit être cherchée dans une fausse interprétation des vues de Savigny et surtout dans un choix trop exclusif des sujets d'étude.

Ici, comme en tant d'autres chapitres de la Morphologie comparée, on trouve, en réalité, des états intermédiaires qui relient intimement, par une série souvent continue, des formes qui paraissent très dissemblables quand on les considère isolément. Pour s'en convaincre, il suffit de multiplier les recherches et de varier les types sur lesquels on les poursuit.

Si l'on examine tout d'abord les Vespides (*Vespa orientalis*, etc.), et pour aborder de semblables études, je ne saurais conseiller un meilleur sujet d'observation, on est frappé des nombreux traits de

(1) Joannes Chatin, *Recherches morphologiques sur les pièces maxillaires et labiales des Hyménoptères*, Paris, 1887.

ressemblance que ces Hyménoptères présentent avec les Insectes Broyeurs.

Les pièces buccales reproduisent, presque identiquement, les mêmes dispositions. Leur dissection montre un labre qui rappelle celui de la plupart des Coléoptères; puis, au-dessous de cette lèvre supérieure, viennent les mandibules qui témoignent des mêmes affinités, non seulement dans leur aspect général, mais dans leur constitution intime.

Dès que l'on détache une de ces mandibules et qu'on l'examine dans ses diverses parties, on constate que sa base est représentée par une pièce transversale, creusée d'une double cavité articulaire, formant, avec la facette intermédiaire, le ginglyme sur lequel devra se mouvoir la mandibule prise dans son ensemble; c'est le sous-maxillaire qui apparaît ici avec la situation, les rapports et le rôle qu'il possède chez les Broyeurs.

Au-dessus et en dedans de ce sous-maxillaire, s'élève une pièce beaucoup plus volumineuse, occupant le centre de l'organe; toute couverte de soies et de poils, elle est due au rapprochement du maxillaire et du galéa.

Ces deux pièces sont étroitement unies; cependant on peut retrouver et suivre la ligne suturale qui les limite respectivement.

Enfin, au côté interne de la mandibule, se soudant intimement à la face concave de son galéa, se trouve une dernière pièce armée de dents puissantes : celles-ci obligent à lui reconnaître une importance spéciale pour le fonctionnement de l'organe, en même temps qu'elles permettent de déterminer exactement sa valeur morphologique. C'est, en effet, l'intermaxillaire qui vient ainsi compléter la mandibule, achevant d'établir son identité avec le même organe considéré chez les Insectes Broyeurs.

Bien qu'elle tende manifestement à s'allonger, la mâchoire offre aussi de nombreux traits communs avec la mâchoire des Coléoptères, etc.

Assez courte et transversalement développée, encore destinée à assurer les rapports articulaires, la pièce basilaire rappelle très exactement le sous-maxillaire de divers Broyeurs : non seulement sa situation et ses rapports, mais son orientation même légitiment pleinement cette assimilation.

Au sous-maxillaire succède le maxillaire (fig. 29, *m*), qui forme une véritable tige centrale, montrant ainsi que le nom de *stipe*, sous lequel Audouin proposait de désigner cette pièce chez les Broyeurs, pourrait aussi justement s'appliquer à certains Hyménoptères.

Le maxillaire se dresse donc verticalement, pour donner insertion à deux pièces qui diffèrent par leurs dimensions comme par leur situation : l'une, petite et externe, représente le palpigère ; l'autre, large et nettement supérieure par rapport au maxillaire, n'est autre chose que le sous-galéa.

On sait que ces deux pièces font assez souvent défaut chez les Broyeurs ; il est intéressant de les voir ici parfaitement distinctes, possédant la même va-

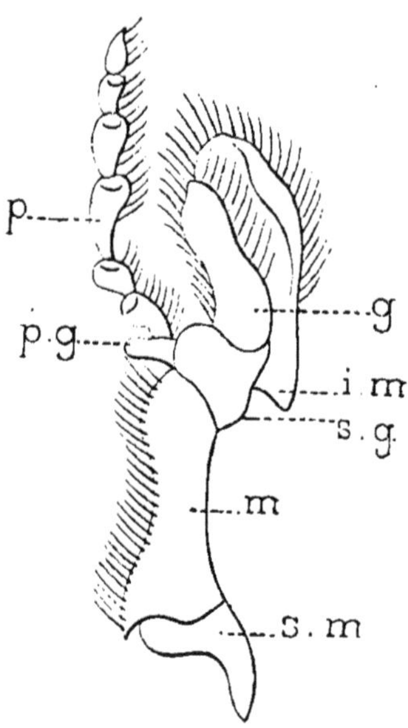

Fig. 29. — *Vespa orientalis*, Mâchoire : *s. m*, sous-maxillaire ; *m*, maxillaire ; *p. g*, palpigère ; *p*, palpe maxillaire ; *g*, galéa ; *i. m*, intermaxillaire.

leur que chez les Orthoptères ou Coléoptères dont la mâchoire atteint le plus haut degré de complexité : le petit palpigère, fortement saillant en dehors, forme la base sur laquelle s'effectueront les mouvements de totalité du palpe maxillaire ; le sous-galéa porte le galéa et l'intermaxillaire. Les différentes pièces qui viennent d'être mentionnées se retrouvent chez le *Vespa* avec leurs caractères normaux : le palpe maxillaire (fig. 29, *p*) est représenté par un long appendice grêle, multiarticulé, très mobile dans son ensemble comme dans ses diverses parties ; le galéa (fig. 29, *g*), formé de deux larges articles superposés, se trouve bordé en dedans par un inter-maxillaire (fig. 29, *i. m*) très étendu et couvert de longues soies qui permettraient de le décrire, comme chez divers Broyeurs, sous le nom de *lacinia*.

Quelquefois, au sommet de cet intermaxillaire, s'é-bauche une petite pièce qui répond au prémaxillaire et achève d'établir, jusque dans les moindres détails, la parfaite identité de la mâchoire chez les Hymé-noptères et les Broyeurs. Le prémaxillaire étant d'ailleurs fort inconstant chez ces derniers, son ab-sence ne saurait aucunement infirmer un semblable rapprochement ; non seulement dans sa forme et dans son aspect général, mais, ce qui est plus important, dans sa constitution intime, la mâchoire du *Vespa* reproduit, avec une certaine similitude, les disposi-tions qui caractérisent le même organe chez le type classique du Broyeur, dont on retrouve ici toutes les pièces essentielles.

Le labium est formé, comme chez les Insectes Broyeurs, par une paire de mâchoires rapprochées et plus ou moins confondues sur la ligne médiane ;

on y reconnaît toutes les parties qui se montrent sur cette lèvre inférieure lorsqu'on l'étudie dans le groupe qui vient d'être rappelé.

La partie basilaire, le *menton*, pour employer le terme consacré, répond à la région sous-maxillaire et s'élève sous l'aspect d'une sorte de coin fortement élargi dans sa partie supérieure. C'est là que s'insère la *languette*, très réduite et reproduisant la forme propre à divers Carabides, etc.

Sur cette languette se fixent les galéas et les inter-maxillaires : les galéas, nettement distincts l'un de l'autre, offrent encore deux articles superposés ; ils sont légèrement recourbés de dehors en dedans, comme dans la plupart des Broyeurs ; les intermaxil-laires sont intimement unis dans leur portion basilaire et se séparent seulement dans la région opposée, où chacun d'eux se termine par une petite facette obli-quement taillée en biseau.

Quant aux palpes labiaux, ils s'insèrent à la partie inférieure de la languette, paraissant indé-pendants de celle-ci lorsque l'on considère le labium dans son ensemble. Chacun des palpes labiaux est formé par la superposition de plusieurs articles dont la taille décroît de la base au sommet.

Ainsi qu'on peut s'en convaincre par cet exposé succinct, il est facile de trouver, même parmi les espèces les plus classiques et les plus vulgaires de l'ordre des Hyménoptères, tel type qui témoignera de la parenté la plus évidente et la moins contestable avec les Insectes Broyeurs, parenté qui s'affirme dans les moindres détails comme dans les caractères généraux.

Il était indispensable d'établir sur une base irréfragable ce rapprochement, qui forme comme l'introduction nécessaire aux études qui vont être maintenant poursuivies chez divers Hyménoptères : on verra souvent les organes buccaux s'y modifier profondément, paraissant même quelquefois n'offrir aucun lien commun avec les Coléoptères, les Orthoptères, etc.; mais ces dissemblances sont plus apparentes que réelles, elles ne se réalisent jamais brusquement et l'on peut toujours découvrir le lien qui unit ces diverses formes.

2. — Morphographie comparée des pièces maxillaires.

On s'accorde assez généralement à reconnaître la parenté morphologique des mandibules comparées chez les Hyménoptères et chez les Broyeurs; mais on se refuse à étendre aux mâchoires tout rapprochement de ce genre.

Les auteurs ne cessent de nous les représenter comme profondément dissemblables dans ces deux groupes; les figures reproduites dans la plupart des ouvrages classiques semblent légitimer cette opinion, dont on pourra bientôt apprécier l'exacte valeur. Elle m'impose néanmoins le devoir de soumettre ces organes à une minutieuse analyse qui établira leurs affinités, montrant en même temps la série complète des modifications qui se succèdent progressivement pour conduire, de la forme propre aux Broyeurs, à des états qui semblent en différer totalement.

L'étude du *Vespa* a déjà fourni l'exemple d'un Hyménoptère dont la mâchoire reproduit sensiblement, dans son aspect extérieur comme dans sa constitution anatomique, les caractères propres aux Coléoptères, etc.

Il est facile d'en rapprocher des types très analogues. Chez le *Microgaster deprimatus* (fig. 30), la mâchoire

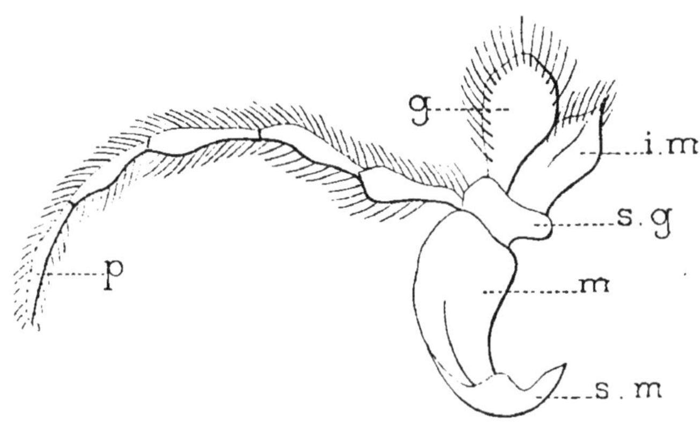

Fig. 30. — *Microgaster deprimatus*, Mâchoire : *s. m*, sous-maxillaire ; *m*, maxillaire ; *p*, palpe maxillaire ; *s. g*, sous-galéa ; *g*, galéa ; *i. m*, intermaxillaire.

offre la constitution suivante : à sa base se trouve un petit sous-maxillaire, obliquement dirigé ; il porte un maxillaire très développé et qui, malgré une légère incurvation, représente bien la *tige* centrale de la maxille, suivant l'expression d'Audouin, expression si juste pour un grand nombre de Broyeurs et pouvant, on le voit déjà, s'appliquer également à divers Hyménoptères.

Ce maxillaire est légèrement excavé sur sa face supérieure, y donnant insertion au sous-galéa.

Médiocrement développée en hauteur, mais fort étendue transversalement, cette dernière pièce porte le galéa et l'intermaxillaire.

Le galéa est très élargi dans sa partie apicilaire, où il revêt un aspect claviforme, rappelant la même pièce considérée chez certains Broyeurs (*Gryllus domesticus*, *Oligotoma Saundersii*, etc.)

L'intermaxillaire, placé en dedans du précédent, s'effile au contraire supérieurement pour se terminer en pointe.

Le palpe maxillaire se déploie en dehors du maxillaire; il est long, très mobile, formé de cinq articles inégaux.

Le *Xyphidria camelus* (fig. 31) offre des dispositions assez analogues; mais les entomologistes doivent être

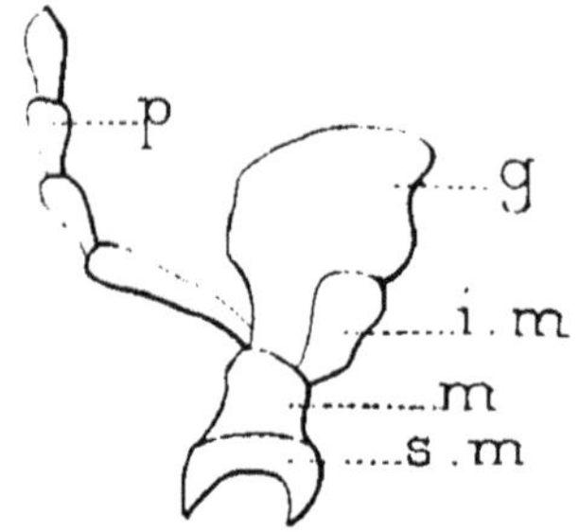

Fig. 31. — *Xyphidria camelus*, Mâchoire : *s. m*, sous-maxillaire; *m*, maxillaire; *p*, palpe maxillaire; *g*, galéa; *i. m*, intermaxillaire.

prévenus des difficultés qu'on éprouve à pouvoir observer la mâchoire de cet Insecte dans son intégrité absolue, ce qui tient à la solidité de l'articulation unissant les parties ambiantes au sous-maxillaire, dont les bords latéraux se terminent par deux prolongements coniques enchâssés fortement dans les cavités correspondantes.

Au-dessus du sous-maxillaire, vient le maxillaire, assez peu développé et portant en dehors le palpe maxillaire dont le premier article est fort allongé. Sur le maxillaire, s'insèrent directement le galéa et l'intermaxillaire; le sous-galéa fait donc encore ici défaut.

Le galéa et l'intermaxillaire diffèrent profondément : très développé en longueur et en largeur, fortement recourbé de dehors en dedans à sa partie supérieure, le galéa recouvre l'intermaxillaire qui semble comme enfoui au-dessous de lui.

L'intermaxillaire est si réduit que la plus grande partie de la denture interne se trouve constituée par le galéa; cette denture est d'ailleurs peu accentuée, comme on l'observe généralement pour la mâchoire et à l'inverse de ce que présente la mandibule.

Le *Gonatopus formicarius* (fig. 32) montre, dans les parties basilaires de sa mâchoire, des dispositions analogues à celles qui viennent d'être décrites : le sous-maxillaire, parfaitement disposé pour le ginglyme articulaire, s'étend transversalement au-dessous d'un maxillaire qui se développe surtout aussi en largeur et porte latéralement un long palpe, dont l'article inférieur semble acquérir la valeur d'un palpigère; mais on sait que cette pièce est fort inconstante dans la mâchoire des Broyeurs. Elle ne saurait donc réclamer ici une attention spéciale.

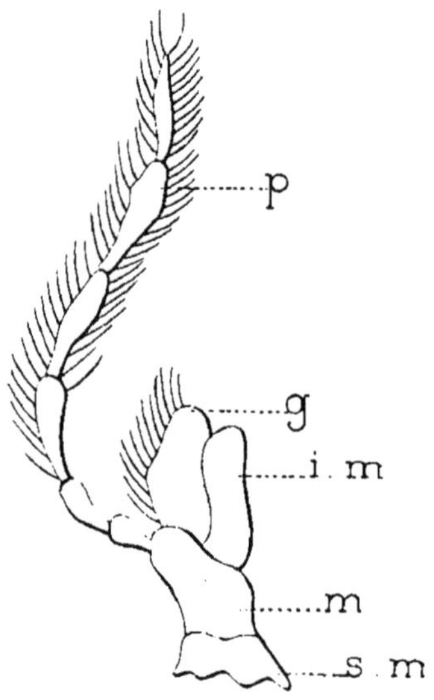

Fig. 32. — *Gonatopus formicarius*, Mâchoire : *s. m*, sous-maxillaire; *m*, maxillaire; *p*, palpe maxillaire; *g*, galéa; *i. m*, intermaxillaire.

Il en est de même pour le sous-galéa, qui manque chez le *Gonatopus* comme chez le *Xyphidria*, comme aussi chez un très grand nombre de Broyeurs. Son absence n'a d'autre effet que de déterminer l'insertion directe du galéa et de l'intermaxillaire sur le maxillaire. Ces deux pièces tendent visiblement à se rapprocher et presque à se confondre, tendance qui s'accentuera promptement et ne tardera pas à déterminer des modifications importantes.

On va précisément en voir les premiers effets chez le *Bracon denigrator* (fig. 33). Le sous-maxillaire est

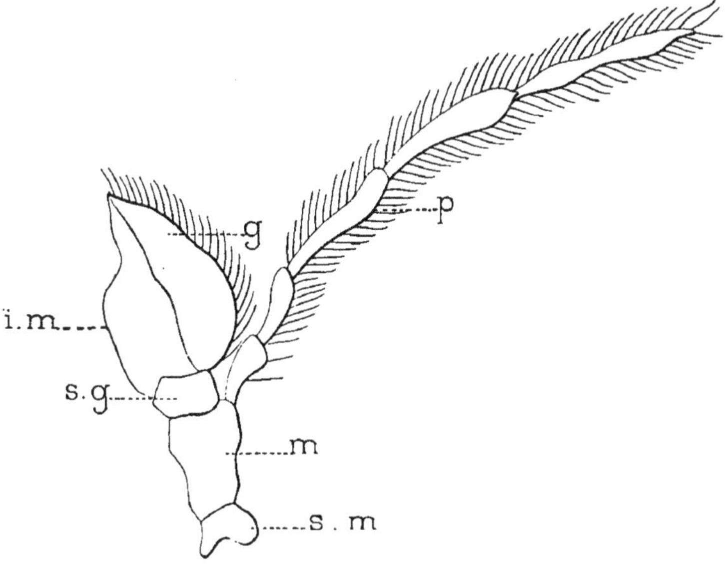

Fig. 33. — *Bracon denigrator*, Mâchoire : *s. m*, sous-maxillaire ; *m*, maxillaire ; *p*, palpe maxillaire ; *s. g*, sous-galéa ; *g*, galéa ; *i. m*, intermaxillaire.

petit, moins compliqué que dans l'espèce précédente ; il porte un maxillaire qui rappelle la forme propre à beaucoup de Broyeurs.

En dehors du maxillaire, se trouve un palpe très allongé, tandis que sur sa face supérieure s'in-

sère un sous-galéa bien distinct, supportant le galéa
et l'intermaxillaire. Ces deux dernières pièces présentent ici une union des plus intimes et des plus
remarquables. Les dissemblances de forme ou de
direction, qui les caractérisaient respectivement,
semblent devoir s'effacer : le galéa s'incurve à peine
pour s'appliquer contre l'intermaxillaire qui, loin
d'offrir de nombreuses saillies dentiformes sur sa
face libre, y montre à peine de légères sinuosités.
En même temps, la région galéo-intermaxillaire tend
vers une élongation marquée, nouvel indice qui doit
être soigneusement relevé.

Chez les *Perilampus* (fig. 34), la base de la mâchoire atteint un grand développement auquel le
sous-maxillaire ne prend d'ailleurs qu'une faible part.
En effet ce sous-maxillaire est petit, rejeté obliquement en dehors et difficile à découvrir.

Le maxillaire, au contraire, est très volumineux et
porte en dehors le palpe maxillaire, tandis que supérieurement il donne directement insertion au galéa
et à l'intermaxillaire.

Il est impossible de considérer ces pièces sans être
frappé des effets produits par la double tendance sur laquelle je viens d'appeler l'attention : non seulement le
galéa et l'intermaxillaire sont intimement unis sur toute
leur étendue, non seulement leur forme est devenue
presque identique; mais ils se sont allongés parallè-

lement, de sorte qu'ils semblent ne plus constituer qu'une pièce unique, sorte de languette effilée, s'élevant au-dessus du maxillaire. Cependant leurs limites

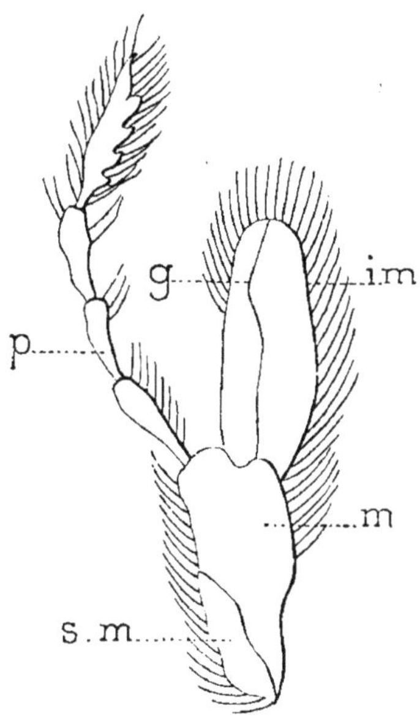

Fig. 34. — *Perilampus violaceus*, Mâchoire : *s. m*, sous-maxillaire; *m*, maxillaire; *p*, palpe maxillaire ; *g*, galéa ; *i. m*, intermaxillaire.

sont encore visibles; elles ne vont pas tarder à s'effacer.

Pour en juger, il suffit d'examiner le genre *Cephus* (fig. 35). Le sous-maxillaire est petit, bizarrement excavé en croissant; le maxillaire n'offre également que de faibles dimensions; le palpe est normalement développé. Mais ce qui frappe immédiatement l'observateur, c'est une tige claviforme (*g. i*) qui se dresse au-dessus du maxillaire et semble formée par une pièce unique.

On se méprendrait si on lui accordait une pareille signification, car elle résulte de l'intime fusion du

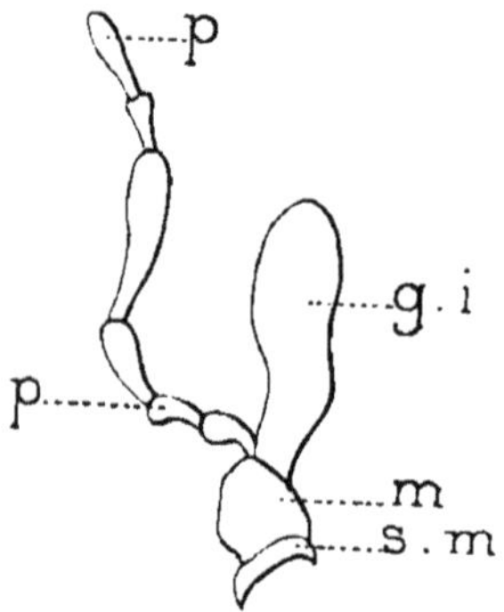

Fig. 35. — *Cephus pigmæus*, Mâchoire : *s. m*, sous-maxillaire ; *m*, maxillaire ; *p*, palpe maxillaire ; *g. i*, pièce galéo-intermaxillaire.

galéa et de l'intermaxillaire ainsi confondus en une lame axile, nettement allongée dans le sens vertical. Inexplicable au premier abord, cet état résulte simplement de l'application de la double tendance signalée plus haut et que, seule, l'étude méthodique des formes intermédiaires permet de discerner et d'apprécier exactement.

Chez les Bombides (*Bombus lapidarius*, etc.), la mâchoire se transforme encore plus notablement. Sur un sous-maxillaire de taille variable, mais généralement assez faible, s'élève un maxillaire très allongé, véritable *stipe* formant le centre de l'organe.

Au côté externe du maxillaire, se montre un petit palpe extrêmement réduit et ne dépassant pas les proportions d'un mamelon tubériforme.

En dedans de cette ébauche de palpe, se voit une assez longue lame effilée, légèrement barbelée du côté interne, et qu'une suture faiblement indiquée sépare en deux parties, l'une externe et l'autre interne. La première répond au galéa, la seconde à l'intermaxillaire ; étroitement unies dans le sens longitudinal, ces deux pièces constituent la lame axile qui, dans un examen rapide, semble résumer toute la mâchoire.

Les Mégachiles offrent des dispositions analogues. Chez ces Insectes (*Megachile centuncularis*, etc.), on ne distingue tout d'abord, dans la mâchoire, que deux régions : une région basilaire assez large et une région apicilaire recourbée en lame de cimeterre.

La base est formée par le sous-maxillaire et le maxillaire dont les limites sont souvent difficiles à reconnaître ; quant à la lame, elle représente le galéa et l'intermaxillaire très allongés, si étroitement confondus que toute ligne de démarcation a disparu entre ces deux pièces.

En examinant la mâchoire avec quelque attention, au niveau où s'unissent les deux régions basilaire et

apicilaire, on découvre une ébauche de palpe maxillaire ; mais cette pièce est à peine indiquée et
n'existe, pour ainsi dire, qu'à l'état de témoin anatomique.

La mâchoire des Mégachiles est donc profondément
modifiée ; elle ne rappelle nullement sa forme originelle chez les Broyeurs, et son interprétation serait
des plus difficiles si l'on n'avait pour se guider la
série des types précédents.

On arrive ainsi progressivement aux Apides, dont
la mâchoire est sans cesse décrite et figurée comme
représentant le type classique des Hyménoptères,
tandis qu'elle exprime l'un des derniers termes des
modifications que cet organe peut y subir.

Chez les Apides, la mâchoire semble se résumer
en une longue lame ou râpe portant simplement, à
son côté externe, un petit appendice palpoïde ; mais,
quand on analyse attentivement la mâchoire d'un de
ces Insectes, d'une Anthophore, par exemple, on
reconnaît que la base est formée de deux pièces
inégales, le sous-maxillaire étant plus grand que
le maxillaire, à l'inverse de ce qui s'observe en général.

Sur le côté externe du maxillaire se déploie le
palpe maxillaire, au-dessous duquel on distingue souvent un petit palpigère ovoïde ou globuleux, suivant
les espèces.

Au même niveau que le palpe, s'insère une longue lame effilée à sa partie terminale. Elle est formée par la fusion du galéa et de l'intermaxillaire, unis l'un à l'autre de la façon la plus complète et la plus intime, toute ligne de démarcation entre ces deux pièces paraissant avoir disparu totalement. Cependant, chez certains individus, on remarque, à la partie interne de cette lame, une côte longitudinale faiblement indiquée ; elle semble tracer la limite externe de l'inter-maxillaire.

On sait que ces mâchoires des Apides ne jouent plus, au point de vue de la préhension et de l'ingestion des aliments, le rôle qui leur incombait chez les Broyeurs : elles doivent surtout concourir à diriger vers le pharynx, par leur pression latérale et ondulatoire, les substances que la lèvre inférieure a recueillies et rassemblées. Le labium est, en effet, comme engainé par ces longues maxilles avec lesquelles il forme l'appareil, assez complexe au premier coup d'œil, que les anciens entomologistes désignaient dans son ensemble sous le nom de *Promuscis*.

Si je rappelle cette conception, naguère encore partout admise, c'est moins pour faire justice de théories indéfendables, que pour légitimer les considérations développées plus haut.

On trouve ici, dans le prétendu « promuscis » des Hyménoptères, la preuve tangible de ces déplorables rapprochements, trop hâtivement établis entre des organes réellement distincts. Labium et mâchoires étaient ainsi confondus dans une même description, sans nul respect de leur autonomie, sans nul souci de la valeur morphologique ou du rôle fonctionnel qu'on doit reconnaître à leurs pièces constitutives.

3. — Valeur respective des pièces maxillaires.

Afin de ne pas trop développer cette étude générale, j'ai dû restreindre à quelques types, rationnellement sériés, l'analyse morphographique de la mâchoire des Hyménoptères.

Cependant, même circonscrites dans des limites aussi étroites, ces recherches permettent de recueillir des faits suffisants pour l'exacte appréciation des pièces maxillaires et pour la détermination rigoureuse de leur valeur respective.

C'est surtout sous ce dernier point de vue qu'elles doivent être examinées, sans qu'il soit nécessaire d'insister de nouveau sur l'organe qu'elles concourrent à former; il se trouve maintenant connu dans son ensemble, comme dans ses caractères généraux.

Les observations qui viennent d'être résumées montrent nettement que si la mâchoire des Hyménoptères diffère généralement, et par nombre de caractères, du même organe considéré chez les Insectes Broyeurs, on observe néanmoins, entre ces formes, des liens fort étroits. Ils témoignent d'une origine

identique et se révèlent, çà et là, par des dispositions communes.

Si profondes qu'elles puissent être, les modifications n'apparaissent pas brusquement. C'est peu à
peu, par degrés insensibles, qu'elles se manifestent;
on réussit à suivre tous les états qui se succèdent,
depuis la première ébauche, jusqu'au terme même de
cette évolution.

Celle-ci accomplie, on constate que c'est principale-
ment dans ses parties appendiculaires que la mâchoire s'est modifiée.

Les pièces basilaires ou somatiques (sous-maxillaire et maxillaire), n'offrent que des changements
secondaires. Non seulement elles ne dépassent guère
ce qu'elles étaient chez les Broyeurs, mais souvent
elles tendent à s'atténuer; le fait est déjà fort appréciable en ce qui concerne le sous-maxillaire; il devient
très évident pour le maxillaire, dont l'importance
tend à décroître. Il en va tout autrement pour les
appendices.

De taille primitivement assez normale, plus développé même que sur beaucoup de Broyeurs, le palpe
maxillaire ne tarde pas à subir une réduction considérable : chez plusieurs Apides, ses dimensions sont
minimes; dans les Bombides, on l'a vu à peine indiqué
par un petit tubercule latéral; chez certains *Sirex*, il

est tellement rudimentaire qu'il semble faire défaut.

Mais le palpe n'offre qu'un faible intérèt; si notables que soient ses variations, elles s'effacent devant les changements, bien autrement importants, qui s'observent dans le galéa et l'intermaxillaire.

Fondamentalement distinctes, reproduisant alors dans leur forme et dans leurs rapports les caractères propres aux Broyeurs les plus classiques, ces deux pièces se rapprochent, s'unissent et se confondent intimement. Elles réalisent des formes organiques dont l'origine semble impossible à déterminer quand on ne suit pas une marche méthodique et progressive. C'est seulement ainsi qu'on réussit à se guider parmi ces formes si diversifiées, dont les modifications morphologiques ne répondent pas toujours aux affinités taxinomiques des Insectes chez lesquels on les observe.

Les tendances qui s'affirment ainsi présentent des conséquences beaucoup plus lointaines qu'on ne le supposerait tout d'abord : elles ne dominent pas seulement, comme on vient de le voir, l'étude de l'armature buccale chez les Hyménoptères ; elles retentissent sur l'ensemble des organes maxillaires des Insectes.

Cette fusion du galéa et de l'intermaxillaire, cette

élongation commune à l'un comme à l'autre, cette prééminence du galéa sur les pièces voisines, représentent des dispositions dont la constance va promptement s'affirmer, entrainant les conséquences les plus étendues.

TROISIÈME PARTIE

INSECTES SUCEURS

I. — PHRYGANES ET LÉPIDOPTÈRES

Au début du chapitre précédent, j'exposais les considérations qui m'obligeaient à modifier, à l'égard des Hyménoptères, la méthode que j'avais appliquée à l'étude des pièces maxillaires chez les Insectes Broyeurs.

Quelle que soit l'espèce choisie parmi ceux-ci, toujours elle offrira ses organes buccaux pleinement indépendants : les mandibules, les mâchoires, le labium peuvent donc être décrits séparément, sans que nulle confusion se produise, sans que nulle lacune en résulte.

Pour les Hyménoptères, les rapports généraux tendent à s'altérer; quand on examine tel appareil buccal, on ne sait trop, tout d'abord, quelle origine assigner aux différentes lames, soies, râpes, etc., qui s'y succèdent.

De fait, les unes sont maxillaires, les autres labiales, etc. L'histoire de la mâchoire deviendrait incompréhensible si l'on tentait de l'isoler des organes avec lesquels sa solidarité s'affirme, au point de vue anatomique comme au point de vue fonctionnel.

Les mêmes règles d'analyse et d'exposition s'imposent vis-à-vis de ces nombreux types groupés sous le nom d'Insectes Suceurs : Lépidoptères, Hémiptères, Diptères, etc.

C'est seulement en procédant de la sorte qu'on peut acquérir une exacte connaissance de l'appareil buccal des Lépidoptères. Son interprétation générale, l'appréciation de ses pièces constitutives ont longtemps divisé les entomologistes ; actuellement, certaines divergences subsistent encore. Elles eussent peut-être disparu plus promptement si l'on avait dirigé les recherches suivant une méthode rigoureuse et si on les avait étendues à certaines formes intermédiaires trop généralement négligées. De ce nombre sont les Phryganes ; leur étude jette une vive lumière sur la morphologie comparée des Lépidoptères ; aussi est-ce à dessein que je rapproche ici ces types.

1. — Phryganes.

Le cadre de ce Mémoire, aussi bien que son objet,
ne permettant pas d'y donner place à des digressions
taxinomiques, je n'ai pas à discuter les affinités
mixtes des Phryganides. Bien que généralement rapproché des Névroptères, ce groupe témoigne d'une
réelle parenté avec les Lépidoptères. M. Émile Blanchard a très justement insisté (1) sur ces affinités que
légitiment pleinement les faits révélés par l'étude des
pièces maxillaires.

Conformément à la méthode tracée plus haut, il
convient d'abord d'examiner l'armature buccale
dans son ensemble.

Cette étude générale est d'autant plus instructive
qu'elle permet de faire justice d'une assertion fort
inexacte, quoique fréquemment reproduite.

On représente l'appareil buccal des Phryganes
comme « rudimentaire et impropre à tout usage
fonctionnel ». En réalité, il ne laisse pas d'être assez

(1) E. Blanchard, *Métamorphoses des Insectes*, 2º éd., 1877, p. 606.

complexe et de fournir d'utiles notions morphologiques. Elles n'ont été méconnues que parce que trop de naturalistes ont limité leurs observations à des organes atrophiés ou en pleine régression.

A la partie supérieure de l'appareil, se voit un labre dont l'aspect mérite d'être spécialement signalé ; certaines espèces, particulièrement le *Phryganea striata,* se prêtent fort bien à son étude.

Ce labre se présente sous la forme d'une pièce lamelleuse, allongée dans le sens antéro-postérieur, et composée de deux parties : l'une basilaire, courte et large ; l'autre terminale, en forme de cône tronqué. Des poils nombreux et rapprochés couvrent ce labre.

La mâchoire montre une complexité variable. Souvent elle offre une pièce inférieure distincte, répondant au sous-maxillaire (fig. 36, *s. m.*) et portant une autre pièce (fig. 36, *m*) qui représente le maxillaire.

Mais il convient de faire remarquer que cette région peut subir une réduction notable. Ses parties constitutives se soudent d'une façon intime ; on ne peut alors que difficilement poursuivre une analyse toujours assez délicate, même dans les conditions normales.

Au-dessus de cette région basilaire s'élève un

sorte de tige, portant une tubérosité renflée et pilifère. Quelle est l'origine de cette formation?

Au premier abord, rien ne semble moins facile à élucider; pourtant, quand on examine attentivement

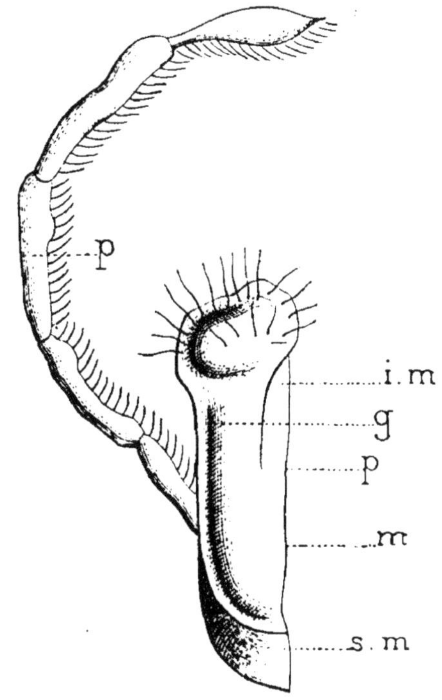

Fig. 36. — *Phryganea striata*, Mâchoire : *s. m*, sous-maxillaire; *m*, maxillaire; *g*, *i.m*, pièce galéo-intermaxillaire; *p*, palpe maxillaire.

les parties, on ne tarde pas à recueillir certains indices qui offrent un intérêt spécial pour l'observateur familiarisé avec la constitution fondamentale des organes maxillaires.

Vers le côté interne de la région que je décris en

ce moment, on distingue une suture faiblement indiquée, mais dont la valeur ne saurait être méconnue :
elle indique, en effet, que deux pièces se sont ici
réunies et confondues.

Or, que peuvent être ces deux pièces s'élevant ainsi
au-dessus du maxillaire? Impossible à résoudre si
l'on se bornait à l'examen direct et exclusif de la
Phrygane, cette question n'offre plus aucune difficulté
lorsqu'on invoque les notions fournies par l'étude
des Insectes Broyeurs.

Ainsi que je l'ai établi par de nombreux exemples (1), le maxillaire y donne insertion soit médiatement, soit immédiatement, à trois appendices : le
palpe en dehors, le galéa et l'intermaxillaire en dedans. Le palpe, on le retrouve ici, se déployant sous
l'aspect d'une longue tige multiarticulée (fig. 36, *p*),
insérée un peu en-dessous et en dehors de la formation qu'il s'agit actuellement de rapporter à sa
véritable origine.

Elle est due à l'union intime du galéa (fig. 36, *g*)
et de l'intermaxillaire (fig. 36, *i. m*), dont l'indépendance originelle se trouve indiquée par la suture
mentionnée plus haut; en outre, certains de leurs
caractères fondamentaux se retrouvent ici.

Non seulement l'intermaxillaire conserve encore sa
situation et ses rapports ordinaires, mais il en est

---

(1) **Joannes Chatin**, *Morphologie comparée des pièces mandibulaires, maxillaires et labiales chez les Insectes Broyeurs*, 1884.

de même du galéa qui, affirmant sa constante prééminence sur la pièce précédente, se recourbe au-dessus d'elle pour former la tubérosité apicilaire; parfois on peut y distinguer deux articles superposés, nouveau trait de ressemblance avec le galéa des Broyeurs.

Le labium se montre sous l'aspect assez simple d'une large pièce centrale, échancrée en forme de croissant et portant latéralement deux palpes labiaux.

Sans insister sur les terminaisons nerveuses que j'ai eu l'occasion d'étudier au cours de mes recherches, je me borne à mentionner l'existence de poils tactiles sur le labre, les palpes maxillaires, l'article terminal du galéa maxillaire et les palpes labiaux.

Leur description histologique ne saurait trouver place dans ce Mémoire. Il en est autrement des données morphologiques qui se déduisent de l'analyse des pièces buccales des Phryganes. Je dois immédiatement les dégager des faits dont on vient de lire le résumé.

En premier lieu, il importe de noter, d'une façon toute particulière, l'élongation du labre. J'ai montré (1)

____

(1) Joannes Chatin, *Sur le labre des Hyménoptères* (*Comptes rendus de l'Académie des Sciences*, 1886).

comment la lèvre supérieure ébauchait déjà cette tendance chez quelques Hyménoptères (*Helorus*, etc.); elle s'accentuera plus nettement encore chez les Hémiptères, se retrouvera chez les Lépidoptères malgré les dimensions très réduites du labre et réalisera enfin ses effets ultimes chez divers Diptères.

Il est donc particulièrement important, chez les Phryganes, dans ce groupe de passage, d'établir son importance et de rechercher ses prochaines conséquences.

Quant à la mâchoire, son trait saillant, apparaissant dès qu'on en aborde l'examen, c'est la réduction de sa partie somatique, au profit de sa région galéaire.

Très développée déjà chez les Hyménoptères (1), cette région ne tardera pas à réclamer une attention spéciale chez les Papillons.

Le palpe maxillaire est encore assez allongé, au contraire de ce qui s'observera chez ceux-ci. Il faut d'ailleurs rappeler que ce palpe était fort inégalement représenté chez les Hyménoptères : très grand chez les Ichneumons, assez réduit chez les Mellifères, il devenait rudimentaire chez les *Sirex*, etc.

Ce qu'il importe surtout de mettre en évidence, ce sont les dispositions propres à la région galéaire, ou

(1) Joannes Chatin, *Morphologie analytique et comparée de la mâchoire chez les Hyménoptères* (*Comptes rendus de l'Académie des Sciences*, 1885).

mieux à la région galéo-intermaxillaire. Ces dispositions sont déterminées, on l'a vu par une double tendance : 1° fusion du galéa et de l'intermaxillaire; 2° élongation de la pièce ainsi formée.

J'ai montré comment cette double tendance s'esquissait, puis s'affirmait chez les Hyménoptères. J'ai trop longuement insisté sur tous les types qui permettent de suivre ainsi cette curieuse série de modifications, pour devoir y revenir actuellement. Qu'il me suffise d'établir qu'on les retrouve, à un plus haut degré, sur le type intermédiaire des Phryganes; ou verra bientôt quels résultats se trouvent ainsi réalisés dans le groupe des Lépidoptères.

Le corps du labium est toujours minime chez les Phryganes, le menton et la languette y étant peu développés rarement distincts.

Quant aux palpes labiaux, ils n'y subissent aucune régression, s'affirmant encore comme des parties importantes de l'appareil buccal et faisant pressentir les « barbillons » des Lépidoptères.

Dans cet exposé, il n'a pas été question des mandibules, dont l'importance était si considérable dans les groupes que j'ai étudiés précédemment.

Que sont donc devenus ces organes auxquels appartenait, chez les Broyeurs, le rôle prépondérant et qui, naguère encore chez les Hyménoptères, offraient une réelle valeur fonctionnelle et morphologique?

On ne peut songer à soutenir, avec quelques entomologistes, que les mandibules font totalement défaut chez les Phryganes. Non seulement on les y rencontre rudimentaires dans diverses espèces; mais elles y acquièrent parfois une puissance assez considérable pour que Réaumur ait cru pouvoir les comparer au bec des Perroquets : robustes, recourbées, très résistantes, armées de dents sur leur bord libre, souvent pourvues de crochets terminaux, elles rappellent alors les mandibules des Broyeurs. Toutefois elles disparaissent généralement chez les Phryganes adultes et cette régression ne laisse pas d'offrir un intérêt tout spécial et de revêtir une signification des plus remarquables au point de vue de l'évolution morphologique.

La même tendance s'observe effectivement dans le groupe des Lépidoptères où les mandibules, très développées chez la larve, ne se montrent plus chez l'adulte que sous une forme rudimentaire; simples témoins anatomiques, presque méconnaissables. Aussi ai-je cru devoir rapprocher leur histoire dans ces deux groupes, afin de rendre ultérieurement plus facile l'appréciation de certaine théorie, suivant laquelle on eût dû considérer les mandibules comme les parties fondamentales et prédominantes de l'appareil buccal des Lépidoptères adultes.

2. — Lépidoptères.

Chacun connaît l'aspect général sous lequel l'appareil buccal se présente chez les Papillons, observés à l'état de complet développement : en avant de la tête se déploie une trompe ou spiritrompe, de dimensions variables. Cette trompe est flanquée de deux appendices claviformes, multiarticulés et désignés, en entomologie descriptive, sous le nom de « barbillons ».

Dans la plupart des cas, l'examen extérieur ne permet de distinguer que ces parties ; rien ne semble donc moins comparable à ce qui était offert par les Broyeurs et par les Hyménoptères. On sait avec quel rare bonheur, quelle admirable sagacité, Savigny est parvenu à rapprocher des formes si dissemblables au premier abord (1). On peut facilement confirmer

(1) Sans retracer ici l'historique de la question, je dois rappeler que, jusqu'à Savigny, on n'admettait aucune similitude entre la spiritrompe des Lépidoptères et l'armature buccale des Insectes dits « maxillés ». Cette opinion était celle de Cuvier ; elle était partagée par la majorité des naturalistes dont les publications datent de la fin du XVIIIe siècle et du commencement du XIXe siècle ; Spinola et la plupart de ses contemporains n'hésitent pas à représenter les Papillons comme « agnathes ».

les vues de Savigny et en étendre les résultats ;
pour y réussir, il suffit d'un petit nombre de préparations.

1. On examine d'abord l'appareil buccal du Papillon dans son intégrité absolue, sans lui faire subir
aucune mutilation, ni même aucune dissection : on
voit alors, comme je le rappelais à l'instant, la spiritrompe (fig. 37, T) accompagnée des barbillons (B).

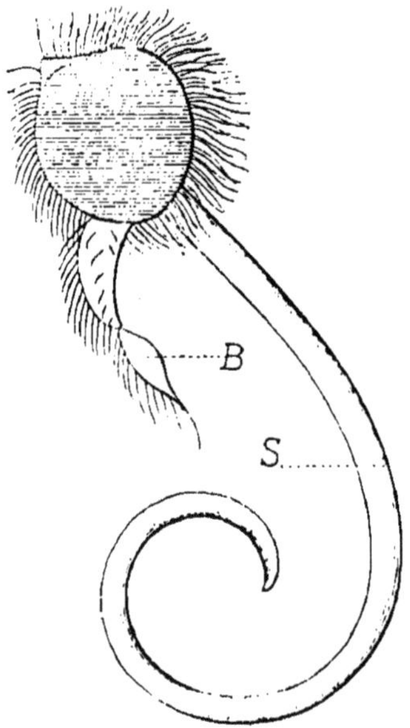

Fig. 37. — Papillon : S, spiritrompe ; B, un des deux barbillons.

Elle émerge de la région épistomienne toute couverte de poils, parmi lesquels sont de nombreux

poils tactiles. La présence de ces éléments excitables explique la très vive sensibilité qui s'observe sur la région qu'ils occupent (1).

2. Si l'on enlève ces poils et les écailles sous-jacentes, en débarrassant ainsi la spiritrompe de toutes les productions épidermiques qui recouvrent sa base, on ne tarde pas à distinguer trois petites plaques cornées. Elles sont tellement réduites qu'on a souvent peine à les découvrir parmi les écailles ambiantes, avec lesquelles elles se confondent aisément.

De ces plaques, l'une est médiane et située au-dessus de l'insertion même de la spiritrompe; les deux autres sont latérales, mais encore placées sur un plan supérieur à celui qui répond à l'origine de la trompe. Que peuvent être ces pièces?

La plaque médiane se fixe sur l'épistome même; elle se trouve sur le prolongement du « clypeus » qui, malgré ses modifications, peut encore se retrouver ici. Aucun doute ne saurait donc s'élever sur la signification de cette pièce : elle représente évidemment la lèvre supérieure.

(1) Joannes Chatin, *Recherches sur les organes tactiles des Insectes et des Crustacés*, Mémoire couronné par l'Académie des Sciences (*Grand Prix des Sciences physiques*, 1885).

Si réduit que soit ce labre il reflète néanmoins plusieurs des dispositions qui le caractérisaient chez les types précédents, particulièrement cette élongation sur laquelle j'ai déjà eu l'occasion d'appeler l'attention.

La forme du labre est le plus souvent celle d'un triangle à large base et à sommet effilé. Quand on l'examine sous la loupe, on est frappé de la similitude qu'il offre avec le même organe considéré chez les Phryganes, et l'on doit reconnaître la constance de ses traits essentiels chez ces différents types.

De petits filets nerveux pénètrent dans le labre ; sur des préparations exceptionnellement heureuses, mais toujours difficiles à réaliser en raison des faibles dimensions de l'organe et de l'induration des téguments, on parvient à découvrir quelques poils tactiles. — Ainsi que je le mentionnais plus haut, ceux-ci sont nombreux sur la région épistomienne.

Les déductions morphologiques l'emportent, ici encore, sur les résultats histologiques ; il suffit de multiplier les sujets d'observation pour constater que la lèvre supérieure des Papillons est formée de deux parties paires et symétriques, réunies sur la ligne médiane ; je crois avoir été des premiers à établir ce fait qui avait été longtemps contesté et qui, depuis mes recherches, a été confirmé par Tichomiroff dont les descriptions présentent le labre

des *Bombyx* comme formé par deux appendices
soudés.

Les mandibules occupent leur situation ordinaire,
au-dessous du labre ; mais elles se montrent extrêmement réduites dans leurs dimensions, presque
négligeables au point de vue physiologique.

Loin d'être, comme chez les Broyeurs ou comme
chez les Hyménoptères, de puissants organes s'affirmant dans leurs caractères extérieurs comme dans
leur signification fonctionnelle, ce ne sont plus que
de simples plaquettes chitineuses. Souvent, elles
sont moins larges que le labre, tout en se prêtant
néanmoins à d'intéressantes considérations. Les auteurs ont trop généralement négligé ces mandibules
dont l'étude, on va pouvoir s'en convaincre, ne laisse
pas d'offrir une réelle importance.

Celle-ci apparaît déjà dans la forme extérieure de
l'organe : la mandibule est nettement incurvée de
dehors en dedans, son bord interne étant légèrement
échancré. Or, telle est aussi sa forme chez les Broyeurs
et même chez les Hyménoptères ; ce rapprochement
est d'autant plus digne de remarque que, chez les
autres Suceurs, on ne trouvera plus de mandibules
ainsi conformées.

Dans les Diptères, les Hémiptères, etc., leur
aspect se modifiera profondément et leur forme
originelle disparaîtra sans retour ; il est donc du

plus haut intérêt d'insister ici sur la configuration
générale des mandibules, sans se laisser arrêter
par la réduction qu'elles ont subie dans leurs dimensions.

Ce n'est pas seulement la forme des mandibules
qui appelle l'attention; leur constitution n'est pas
moins importante. Dans son plus grand état de sim-
plicité, la mandibule des Lépidoptères se montre toujours composée de deux régions principales : une
région basilaire et une région somatique; celle-ci,
plus ou moins fortement incurvée, est formée surtout
par le galéa. A son côté interne, on distingue une
petite bandelette pilifère; en outre, des sinuosités ou
des saillies s'y observent qui, pour n'être visibles
qu'à la loupe, ne sont pas moins réelles et assez
constantes.

Si l'on se reporte à la constitution fondamentale
des pièces buccales, la signification de cette « lacinia »
devient facile à établir : elle représente l'intermaxillaire qui, déchu de la haute valeur fonctionnelle qu'il
possédait chez les Broyeurs et les Hyménoptères,
semble rappeler encore ici son importance originelle.

L'étude du labre et des mandibules est donc
fort instructive chez les Lépidoptères. Cependant
ces pièces étant rudimentaires, on ne peut généralement les découvrir que par une dissection minutieuse; la plupart des auteurs, loin d'en poursuivre
l'analyse morphologique, s'abstiennent souvent de

les mentionner, se bornant à une description succincte des parties qui s'observent au delà de la région mandibulaire.

Celle-ci présente cependant un réel intérêt, comme on a pu s'en convaincre par les détails précédents. Elle ne saurait toutefois m'arrêter plus longtemps, car c'est spécialement à l'étude des mâchoires que je dois m'attacher.

3. Pour les retrouver, sous la forme toute nouvelle qu'elles vont revêtir, une autre préparation est nécessaire : disséquant comme antérieurement la région épistomienne, on enlève le labre et les mandibules ; ainsi se trouve dégagée la spiritrompe.

Sur ses flancs, se voient deux petits appendices qu'il ne faut pas confondre avec les « barbillons ». Ceux-ci se trouvent, en effet, placés sur un plan nettement inférieur à la spiritrompe, tandis que les pièces qui viennent d'être mentionnées lui sont intimement associées.

On en a la preuve en détachant la trompe : elle apparaît accompagnée de ces deux petits appendices, les barbillons demeurant fixés sur une pièce entièrement distincte de la spiritrompe ; j'aurai bientôt à y revenir.

Actuellement, ce qu'il importe de déterminer, c'est l'origine de la spiritrompe et de ses annexes. Sa situation, la présence de deux appendices palpoïdes, permettent déjà d'en pressentir la signification : elle représente évidemment les deux mâchoires, unies l'une à l'autre pour former ce suçoir dont les annexes latérales figurent les palpes maxillaires qui, pour être très réduits, n'en sont pas moins faciles à reconnaître.

A Savigny revient le mérite d'avoir, le premier, élucidé les grandes lignes de cette délicate question ; on doit le proclamer hautement, sans s'arrêter à certaines assertions que je discuterai bientôt. Mais on ne saurait aujourd'hui se borner aux aperçus de Savigny, si instructifs qu'ils puissent être ; il ne suffit plus de rapporter la spiritrompe aux mâchoires, il faut encore découvrir, dans chacune de ses moitiés, les parties essentielles d'une maxille.

Un examen rapide, même superficiel, permet de distinguer immédiatement, dans la trompe, deux régions nettement tranchées : une région inférieure, ou de soutien ; une région terminale, allongée, formant la trompe proprement dite.

Les auteurs décrivent la base comme une pièce unique ; grave erreur qu'on peut aisément apprécier, même en se bornant à l'examen des types les plus vulgaires, dont l'appareil buccal est reproduit dans tous les Traités classiques ; aussi m'abstiendrai-je de les désigner spécifiquement, afin d'exposer, sans nulle critique personnelle, les résultats fournis par l'analyse morphographique de la spiritrompe.

En l'examinant ainsi, on constate que sa base, loin d'être simple, est fort complexe.

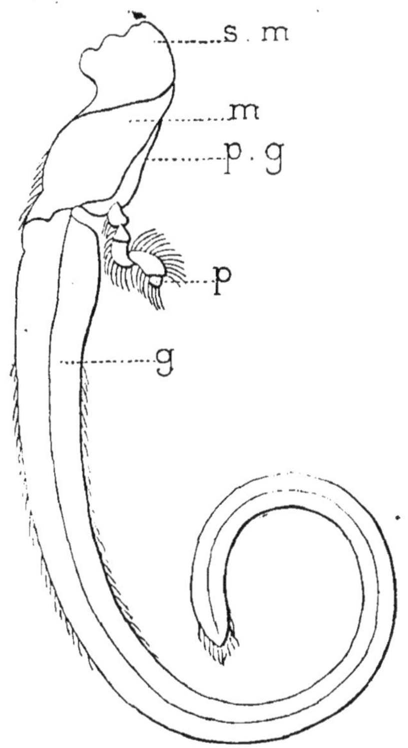

Fig. 38. — Papillon, trompe avec ses pièces constituantes : *s. m*, région sous-maxillaire; *m*, région maxillaire; *p*, l'un des palpes maxillaires porté sur un palpigère, *p. g*,; *g*, pièces galéaires.

Tout d'abord, elle se partage longitudinalement en deux régions qui répondent respectivement aux deux moitiés latérales de la trompe.

Dans chacune de ces régions, on distingue deux pièces. L'une, réellement basilaire (fig. 38, *s. m*), s'articule avec la région céphalique voisine. L'autre (fig. 38, *m*), supérieure à la précédente, porte en dehors les petits palpes maxillaires.

Au même niveau, elle donne insertion à la moitié correspondante de la trompe proprement dite.

La première de ces pièces représente le sous-maxillaire, avec sa situation normale et ses rapports ordinaires ; la seconde répond de même au maxillaire et l'insertion des palpes maxillaires (fig. 38, *p*) dissipe, à cet égard, toute incertitude ; que cette insertion soit immédiate ou médiate (1) elle s'opère toujours à la partie supérieure de la région basilaire.

On chercherait vainement l'exposé de ces faits dans les descriptions antérieures ; mais je n'insiste pas sur le silence général que les observateurs ont gardé sur tout ce qui regarde les pièces sous-maxillaires, maxillaires, etc. Je dois aborder maintenant l'examen de la région apicilaire de l'organe ; c'est à cette partie que l'on réserve, plus généralement, le nom de spiritrompe.

On vient de voir que les deux moitiés latérales et

(1) Dans la plupart des cas, le palpe s'insère directement sur le maxillaire ; chez quelques types, son insertion est médiate et se trouve assurée par la présence d'un palpigère, généralement méconnu. Tel est précisément l'exemple que j'ai choisi (fig. 38 *p. g*).

symétriques, unies pour la constituer, se fixent sur les maxillaires, au même niveau que les palpes et en dehors de ceux-ci. Or, il est des pièces qui, dans la maxille-type des Broyeurs, offrent des rapports identiques : ce sont les galéas.

En se reportant à la notion fondamentale de ces pièces, on acquiert la certitude que la trompe des Lépidoptères est formée essentiellement par les galéas (fig. 38 et 39 *g*), extrèmement allongés et rapprochés l'un de l'autre.

Cette élongation des galéas ne peut d'ailleurs surprendre : elle était déjà nettement indiquée chez les Hyménoptères ; on la retrouvera également chez les Hémiptères, etc. Les Papillons obéissent donc simplement à une loi qui paraît être commune à la généralité des Insectes Lécheurs et Suceurs.

Vers son extrémité, la trompe se modifie assez généralement, s'évasant ou se renflant pour porter des poils abondants, parmi lesquels on trouve fréquemment des organites tactiles.

Les dispositions révélées par l'étude des Phryganes permettent d'interpréter exactement cette particularité et de la rapporter à sa véritable origine : on a vu que, chez les Phryganes, le galéa de la mâchoire s'allonge notablement dans sa région basilaire, tandis que son article terminal se présente sous l'aspect d'un renflement tubériforme et pilifère. Ce sont les

mêmes caractères qui distinguent, chez les Lépidoptères, l'extrémité de la trompe et l'on voit que tout
concourt à justifier la part considérable que je viens
d'attribuer aux galéas dans la constitution de l'organe.

Celui-ci présente, en chacune de ses moitiés, toutes

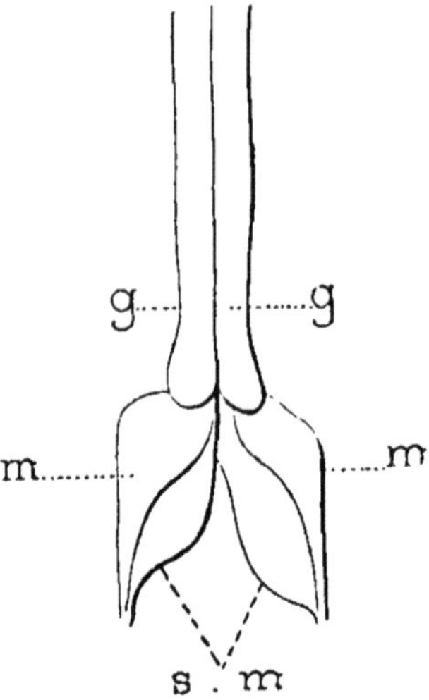

Fig. 39. — Papillons, base de la trompe disséquée pour montrer
sa dualité : *s. m*, sous-maxillaires; *m*, maxillaires; *g*, pièces galéaires.

les parties essentielles d'une mâchoire : sous-maxillaire, maxillaire, palpe et galéa (fig. 38 et 39). Quant
à l'inter-maxillaire, son absence est peut-être plus
apparente que réelle, car il semble représenté, sous
une forme assez rudimentaire, par la bandelette suivant laquelle se fait le rapprochement des deux lames
galéaires.

4. Il est une paire d'appendices dont l'homologie reste encore à déterminer. Il s'agit de ces « barbillons » qui tenaient une si grande place auprès de la trompe examinée *in situ*, avant toute dissection et dont je n'ai même pas eu à invoquer la présence pour établir l'exacte signification de celle-ci.

Quand on enlève la trompe, accompagnée de ses petits appendices palpoïdes, on constate que les barbillons demeurent en place, fixés sur un plan inférieur à la base d'insertion de la trompe. Ils sont portés par une pièce en forme de croissant ou de tronc de cône dont la détermination ne saurait maintenant soulever un long débat. Elle répond au labium; les « barbillons » qui l'accompagnent représentent simplement les palpes labiaux.

Le labium offre encore ici, malgré la grande réduction qu'il a subie dans ses dimensions générales comme dans son rôle fonctionnel, les dispositions essentielles qui le caractérisaient chez les Broyeurs, etc. : une pièce inférieure ou basilaire représente le menton dû à l'union des deux sous-maxillaires; puis vient la languette formée par les maxillaires ; enfin, sur les côtés de la languette, les palpes labiaux. Souvent même un examen attentif fait découvrir, à la base de ces appendices, une petite pièce qui représente une ébauche de palpigère. Nouveau trait commun avec les Broyeurs, dont le labium

offre parfois cette pièce que Burmeister y mention-
nait sous le nom « d'os hyoïde ».

Quant aux palpes labiaux, ils semblent justifier la
bizarre dénomination sous laquelle les entomologistes
les décrivent depuis longtemps déjà et qui s'accorde
assez bien avec le rôle et la texture de ces « barbillons » : l'Insecte s'en sert effectivement comme d'organes tactiles qui se déploient librement à une certaine distance de la trompe ; l'histologie confirme
pleinement ces données expérimentales, y montrant
l'existence de nombreux poils tactiles et cônes
mous.

C'est donc fort justement que M. E. Blanchard
a considéré ces organes comme essentiellement
affectés au service du toucher. On sait d'ailleurs
que les palpes labiaux remplissent fréquemment
cette fonction tactile.

Ceci me conduirait à ouvrir une digression histologique en dehors du cadre des présentes recherches.
Leur objet spécial m'impose une autre obligation :
poursuivant l'étude analytique de la mâchoire des
Lépidoptères, confirmant et étendant les vues de Savigny sur l'origine maxillaire de leur spiritrompe, je
ne puis laisser dans l'ombre certaine théorie fondée
sur des considérations toutes différentes.

Après avoir passagèrement appelé l'attention des

naturalistes, elle est aujourd'hui abandonnée, même de ceux qui, tout d'abord, avaient tenté de la défendre. Je n'ai donc qu'à la résumer rapidement.

Suivant cette thèse, les organes antenniformes de la larve eussent représenté les « palpes mandibulaires » ; quant à la trompe de l'adulte, elle eût été formée, non par les mâchoires, mais par les mandibules. Ce qui a été décrit plus haut, comme un labium, eût représenté les mâchoires unies l'une à l'autre et les palpes labiaux fussent devenus les palpes maxillaires. Quant à ce qui eût formé le labium, on s'abstenait totalement de le rechercher.

Cet exposé sommaire suffit à montrer combien il serait inutile de discuter longuement une pareille théorie, indéfendable sur tous les points. J'ai à peine besoin d'établir que, par leur situation, leurs rapports et l'origine de leurs nerfs, les antennes ne peuvent aucunement se confondre avec les pièces buccales, surtout avec les mandibules. D'ailleurs, par l'étude méthodique des Hyménoptères et des Phryganes, on peut observer toutes les phases évolutives, amenant progressivement les mâchoires pour revêtir la forme qui, chez les Papillons adultes, caractérisera ces organes si profondément modifiés.

En suivant cette même série de transformations, j'ai facilement montré que les mandibules, loin d'accentuer leur valeur initiale, qui est considérable chez

les Broyeurs, subissent une profonde régression :
bientôt ce ne sont plus que de simples plaques scu-
tiformes, si réduites qu'elles semblent presque négligeables.

Quant au labium, il ne cesse de se présenter avec
sa situation et ses rapports ordinaires.

Ainsi que je le faisais remarquer, dans un des premiers chapitres de ce travail, les divers organes
buccaux contractent entre eux des liens tellement
étroits que, pour déterminer l'exacte signification de
l'un d'eux, on est souvent entraîné à examiner telle
autre partie de l'armature orale.

Comment apprécier exactement une théorie du
genre de celle que je discutais à l'instant, si l'on n'a
préalablement acquis une exacte connaissance des
mandibules et du labium ? Ce ne sont plus seulement
les organes buccaux qui doivent être analysés dans
leurs moindres détails ; ce sont leurs nerfs et leurs
muscles qu'il importe de comparer attentivement.

Tout à l'heure, j'invoquais les origines nerveuses
pour restituer aux antennes leur réelle signification;
de même, je pourrais demander aux homologies
musculaires une nouvelle confirmation de l'origine
maxillaire de la spiritrompe.

C'est seulement ainsi, en s'inspirant de l'embryologie, en s'aidant constamment de l'histologie et de
l'anatomie descriptive, que l'analyse morphographi-

que est en droit de formuler des conclusions pré-
cises autant que fécondes.

S'il était nécessaire de légitimer la méthode que je
n'ai cessé de suivre dans mes recherches antérieures et que j'applique encore ici, il suffirait de
considérer avec quelle certitude elle permet d'élucider des questions si délicates et, on vient de le voir,
si diversement interprétées.

Le naturaliste, en procédant ainsi, peut être assuré
de parvenir à une exacte connaissance de l'origine
et de la constitution des diverses parties de l'appareil buccal.

Les résultats obtenus réduisent à leur juste valeur
des essais malencontreux, sur lesquels il est inutile
d'insister, tandis que d'autre part ils confirment, de
la façon la plus éclatante, les vues de Savigny, en
précisant plusieurs faits qui avaient échappé à l'attention de cet illustre observateur.

INSECTES SUCEURS *(suite)*

II. — HÉMIPTÈRES ET DIPTÈRES

1. — Hémiptères.

Ce ne sont pas seulement certaines affinités de régime qui permettent de décrire les pièces buccales des Hémiptères, à la suite des mêmes parties considérées chez les Lépidoptères. Elles se rapprochent également par la méthode qu'il convient de suivre dans leur analyse morphographique.

C'est surtout lorsqu'il s'agit d'aborder, sous ce point de vue, l'examen de la mâchoire, qu'il importe de procéder rigoureusement.

Quel que soit le type choisi pour l'observation des pièces maxillaires ; qu'il soit emprunté au groupe des Punaises, à celui des Cigales, etc., toujours on devra pratiquer un certain nombre de préparations successives, ainsi que je le traçais plus haut à l'égard des Lépidoptères.

1. En premier lieu, il faut examiner le « rostre » dans son ensemble et *in situ*, sans lui faire subir aucune mutilation.

De ce coup d'œil général, se déduit immédiatement un rapprochement intéressant avec les Lépidoptères.

Il est fourni par l'aspect de la région épistomienne qui se montre abondamment couverte de soies, de poils, d'épines et de formations analogues. On a pu constater qu'il en était de même dans la presque généralité des Lépidoptères. Comme chez ceux-ci, l'examen histologique établirait que, parmi les soies et poils de l'épistome, il en est qui, par leurs terminaisons nerveuses, possèdent une réelle valeur sensorielle.

Mais ces particularités ne sauraient qu'être incidemment signalées ici, et je dois poursuivre l'exposé de la méthode nécessaire pour l'étude spéciale de la mâchoire.

2. La région rostrale est soigneusement dépouillée de ses soies et poils ; ces appendices doivent être enlevés à la pince et non abrasés avec des ciseaux, procédé plus rapide, mais qui exposerait à léser le rostre.

Dépouillé des diverses productions qui le masquaient plus ou moins complètement, celui-ci apparaît formé de deux régions faciles à distinguer.

L'une de ces régions peut être qualifiée de basilaire ; l'autre, que je désignerai sous le nom de région terminale, est beaucoup plus allongée ; parfois même elle se présente notablement effilée.

Observée sous la loupe, la région basilaire se montre assez complexe, offrant une pièce supéro-médiane et deux pièces inféro-latérales.

Tandis que la partie médiane est limitée à la région basilaire, les parties latérales se continuent avec la région terminale qu'elles forment même complètement, à sa partie supérieure, comme à sa partie inférieure et sur ses côtés.

Cette région terminale apparaît ainsi constituée par deux moitiés symétriques, réunies sur la ligne médiane pour constituer un tube à plusieurs articles placés bout à bout, rappelant le tube à tirage d'une longue-vue.

3. Tel est l'ensemble du rostre ; pour compléter et préciser la description succincte qui vient d'en être donnée, il est indispensable d'analyser la partie médio-basilaire et les parties latérales, au moins dans leurs dispositions caractéristiques.

Insérée sur l'épistome, la partie médio-basilaire représente un organe généralement distinct et indépendant, le labre ou lèvre supérieure.

Son aspect, en forme de lame triangulaire et allongée d'arrière en avant, serait de nature à surprendre

l'observateur qui n'aurait étudié la lèvre supérieure
que chez les Insectes Broyeurs. Il peut, au contraire,
s'en rendre aisément compte s'il a étendu ses recher-
chés aux Hyménoptères; parmi ceux-ci se distinguent, en effet, certaines formes dont l'examen est
des plus instructifs.

Pour ne leur emprunter qu'un exemple, je rappel-
lerai celui de l'*Helorus*. A dessein, j'ai tout particulièrement insisté (1) sur ce type si remarquable par
l'élongation de sa lèvre supérieure.

La tendance qui intervient pour y modifier l'aspect
général du labre s'accentue considérablement chez
les Hémiptères; c'est elle qui détermine la remarquable transformation qui vient d'être signalée.

Les Lépidoptères en offraient d'ailleurs comme un
reflet : malgré l'extrême réduction de leur labre, à
peine plus développé que certaines plaquettes tégu-
mentaires, on y constate une réelle ébauche de cette
élongation qui, très appréciable chez les Hémiptères,
ne tardera pas à s'affirmer davantage encore chez les
Diptères.

4. Quant aux parties latérales, il faut distinguer
entre leur région basilaire, encadrant la pièce labrale,
et leur région terminale, tubuliforme, multiarticulée.

La région basilaire répond aux sous-maxillaires et

(1) Joannes Chatin, *Recherches morphologiques sur les pièces mandibulaires, maxillaires et labiales des Hyménoptères*, Paris, 1887.

maxillaires du labium. Ces pièces se soudent et semblent se confondre pour constituer, avec le labre, la base puissante sur laquelle s'appuie la partie tubuleuse et allongée du rostre.

L'aspect de celle-ci, avec ses articles placés bout à bout, suffit à en déceler l'origine : elle représente les palpes labiaux qui viennent, eux aussi, se réunir sur la ligne médiane pour former cette sorte de tube, ou plutôt de trocart.

Dans son intérieur s'abritent, en effet, des lames sur lesquelles j'aurai bientôt à insister.

Brullé s'est gravement mépris sur l'exacte signification de la région tubuleuse. Une telle erreur, si rare dans l'œuvre de cet éminent entomologiste, est d'autant plus surprenante qu'il avait fort heureusement apprécié la valeur morphologique de l'armature buccale des Hémiptères, faisant même remarquer combien la conformation de leur labium aide à comprendre la transformation des pattes et appendices buccaux.

5. Dans le tube du trocart, formé par les deux lèvres, et dont la largeur varie avec les types considérés, se trouvent les quatre lames précitées.

Savigny a montré qu'elles répondent aux mâchoires et aux mandibules. Mais dans ces organes, quelles pièces concourent essentiellement à la formation des stylets ?

Une analyse minutieuse permet d'établir que, spécialement pour la mâchoire, c'est la région galéaire qui constamment y prend une part prééminente, le galéa subissant une élongation considérable.

La base du stylet, conformée en crosse de fusil, est formée par le sous-maxillaire et le maxillaire. Elle porte la lame, proprement dite, répondant au galéa ; parfois on peut distinguer une bandelette interne, accolée contre celui-ci et représentant l'intermaxillaire.

Ici encore, je ne saurais trop m'élever sur le choix exclusif de tel ou tel sujet d'observation. Rien n'a été plus fatal à l'exacte interprétation des pièces buccales ; rien n'a plus retardé les progrès de leur étude morphologique, rien n'a plus fréquemment égaré le zoologiste dans la détermination de leurs adaptations fonctionnelles.

En ce qui concerne les Hémiptères, on s'est presque uniquement limité à l'étude de la Punaise des lits (*Cimex lectularia*). Sans doute, cette espèce offre un intérêt particulier pour l'histoire naturelle médicale, mais elle est loin de figurer un type fondamental dans la série des Hémiptères. On se tromperait étrangement en considérant ceux-ci comme répondant toujours au type *Cimex*.

On en a la preuve, quand on groupe méthodiquement

les faits qui établissent l'origine, surtout galéaire, des stylets maxillaires.

Si les Punaises, etc., fournissent déjà, sous ce point de vue, des documents fort intéressants, les Cigales apportent une éclatante démonstration.

Chez plusieurs de ces Hémiptères, tels que la vulgaire Cigale de l'Orne (*Cicada Orni*), on voit un rudiment de palpe flanquer latéralement la lame du stylet. Il s'y fixe au niveau même qui marque l'union de la lame avec la base du stylet.

Mais quel est le lieu d'insertion du palpe maxillaire? Ne répond-il pas à la région qui, d'autre part, supporte le galéa?

C'est donc bien celui-ci qui constitue la lame dont l'origine se trouve nettement établie par l'examen d'un type sans cesse regardé comme aberrant.

Qu'il me soit permis de faire observer, à ce propos, que si la Cigale est ainsi présentée, dans la plupart des Traités, comme un Hémiptère *incertæ sedis*, c'est surtout en raison de l'existence d'appendices palpoïdes, accompagnant ses stylets maxillaires. N'est-il pas remarquable de voir la présence de ces appendices fournir une notion importante pour la solution d'une question morphographique des plus controversées? Nouvel exemple de l'obligation qui s'impose au naturaliste d'étendre ses recherches à différents types, sans en excepter ceux qui ont été réputés anormaux, parfois trop hâtivement et à la suite d'investigations superficielles.

L'étude des mandibules ne devant pas prendre place dans le cadre du présent travail, je me borne à rappeler qu'elles constituent une paire de stylets, fort semblables à ceux qui viennent d'être décrits, et affirmant les liens étroits qui les unissent aux mâchoires.

Toutefois, les mandibules peuvent offrir, dans l'ordre des Hémiptères, différents modes de conformation.

C'est ainsi que, chez les Cercopiens, les mandibules sont petites, comparables à celles des Lépidoptères.

Un tel rapprochement est d'autant plus digne d'être signalé qu'il relie deux ordres représentés généralement comme n'ayant que peu de traits communs.

L'analyse morphographique des organes buccaux révèle pourtant, entre eux, une évidente parenté. N'en trouve-t-on pas d'ailleurs une preuve tangible dans la description même qui vient d'être donnée des stylets maxillaires?

Quel est le caractère qui domine leur constitution et révèle leur origine, sinon l'élongation du galéa?

Cette disposition n'apparaît plus ici comme nouvelle, encore moins comme imprévue. On a pu la

voir s'esquisser dans certains Hyménoptères et chez
les Lépidoptères. Les Hémiptères la présentent, aisément appréciable en elle-même comme en ses effets.
Avec les Diptères, elle va s'affirmer plus nettement
encore.

2. — Diptères.

La liste serait longue de tous les travaux publiés sur l'armature buccale des Diptères. Nul ordre de la classe des Insectes n'a été plus souvent étudié, plus vivement discuté sous ce point de vue ; néanmoins, et malgré la valeur des recherches qui lui ont été consacrées, la question n'a cessé d'être controversée.

Le désaccord s'est prolongé d'autant mieux que, fort souvent, il portait sur des définitions de mots.

Evidemment le sujet est des plus délicats à élucider ; il réclame de minutieuses et patientes investigations. Pourquoi chercher à en augmenter les difficultés en établissant, dès le début, les confusions les plus déplorables entre des parties absolument distinctes par leur origine comme par leur signification ? M. Émile Blanchard a très heureusement et très exactement fait connaître les dispositions générales de l'appareil buccal des Diptères ; pourquoi ne pas s'être inspiré de sa méthode quand on a cherché à passer, de l'analyse des organes, à celles de leurs pièces constitutives ?

Hâtivement conçus, poursuivis sans direction rigoureusement déterminée, les travaux publiés depuis vingt ans n'ont réussi qu'à produire une confusion inextricable. Ne voulant citer aucun nom, je me borne à constater qu'après avoir lu ces mémoires, on se prend à regretter les aperçus incomplets, mais lucides, de Swammerdam et de Roffredi.

Il est cependant possible d'acquérir une exacte connaissance des organes buccaux des Diptères; il est même facile de rapprocher les notions ainsi acquises de celles qui ont été fournies par l'étude des Ordres précédents.

Pour y réussir, il convient de choisir convenablement les sujets d'observations et surtout de ne pas prendre, comme types initiaux, des formes aberrantes, telles que les Muscides, par lesquelles on a si souvent et si malencontreusement abordé ces recherches; elles en marquent la terminaison, non le point de départ.

En outre, on ne doit point perdre de vue que le régime des Diptères est trop variable pour que leur appareil buccal puisse se résumer en une formule unique et constante : certains d'entre eux, se nourrissant du sang de l'homme ou des animaux, sont armés de stylets aptes à perforer les téguments ; d'autres, cherchant à recueillir le suc des fleurs ou les liquides exhalés par les matières organiques en décomposition, possèdent une trompe aspiratrice, etc.

Non seulement les organes buccaux se transforment pour s'adapter à ces divers modes d'alimentation, mais telle de leurs pièces constitutives en acquiert des caractères tout spéciaux, ainsi qu'on peut aisément s'en convaincre par l'étude de la mâchoire.

Pour débuter dans de semblables recherches, je ne saurais conseiller un meilleur type que celui des Éristales, groupe autrefois étudié, non sans succès, par Newport, etc.

Chez l'*Eristalis floreus*, l'appareil buccal offre la conformation suivante.

Le labre, très allongé, se présente sous l'aspect d'une lame excavée inférieurement, terminée par une pointe obtuse, recouvrant incomplètement les mandibules, les mâchoires et le labium.

Les mandibules sont figurées par deux soies grêles et allongées. Les mâchoires devant être spécialement décrites dans un instant, je me borne à les mentionner actuellement.

Le labium est porté par un large menton, auquel succède la languette terminée par une pièce lamelleuse, surtout galéaire. En effet, sur sa base s'insèrent les deux palpes labiaux.

Quant aux mâchoires, sur lesquelles je dois particulièrement insister, il importe de signaler leur indépendance respective.

Ce caractère peut sembler tout naturel si l'on se reporte aux notions fournies par les Broyeurs, les Hyménoptères, etc. Chez les Diptères, il offre, au contraire, une importance considérable, car il ne va pas tarder à s'atténuer ou même à disparaître dans plusieurs types ; une remarquable coalescence s'affirmera entre leurs mâchoires, modifiant ce qui était offert par les autres Ordres.

Considérée en elle-même, la mâchoire débute par une région basilaire qui répond au sous-maxillaire et au maxillaire réunis.

Sur l'espèce de socle ainsi formé, s'élève la lame qui représente la partie essentielle et vraiment active de l'organe.

Quelle est son origine ? Égarés par des investigations hâtives, les travaux les plus récents la rapportent au maxillaire. Rien de moins exact : le maxillaire ne concourt à former, *pro parte*, que la base articulaire de la mâchoire. Quant à la lame, c'est essentiellement le galéa qui la constitue.

Ici encore les données morphologiques empruntent leur précision aux rapports des diverses pièces maxillaires. C'est seulement lorsqu'on a appris à les bien connaître chez les Broyeurs, les Hyménoptères, les Lépidoptères, etc., qu'on peut en déduire de sérieuses notions. Pour affirmer la nature galéaire de

la lame maxillaire, il est un caractère irrécusable :
de la base de la lame émerge une ébauche de palpe
maxillaire.

Rarement ce palpe atteint des dimensions notables ;
mais, peu importe son développement, sa présence
suffit à mettre hors de doute l'origine de la lame
maxillaire.

Si le galéa la forme essentiellement, il n'est pourtant pas seul à la constituer. Une autre pièce vient
s'unir à lui ; on peut la déterminer en se reportant
aux notions antérieurement acquises : c'est l'intermaxillaire qui vient se déployer au côté interne
du galéa. Tantôt il se confond entièrement avec lui ;
tantôt il offre comme un reflet de son autonomie initiale, dessinant une bandelette barbelée au bord
interne du galéa.

Conformément à l'un des principes que je n'ai
cessé d'observer dans l'exposé de mes recherches,
toujours soucieux d'en rendre le contrôle et la véri-
fication également aisées, je me suis attaché à l'analyse morphographique de la mâchoire chez l'*Eristalis
floreus*, cette espèce étant une des plus souvent
figurées par tous les auteurs.

Ai-je besoin d'ajouter que tel autre type du même
genre se prêterait à une démonstration semblable,
fournissant des conclusions identiques ?

Pour en fournir un exemple, qu'il me suffise de citer

l'*Eristalis tenax* (fig. 40) ; non seulement sa mâchoire
est aussi facile à disséquer que celle de l'*Eristalis
floreus;* mais elle accentue, davantage encore, les

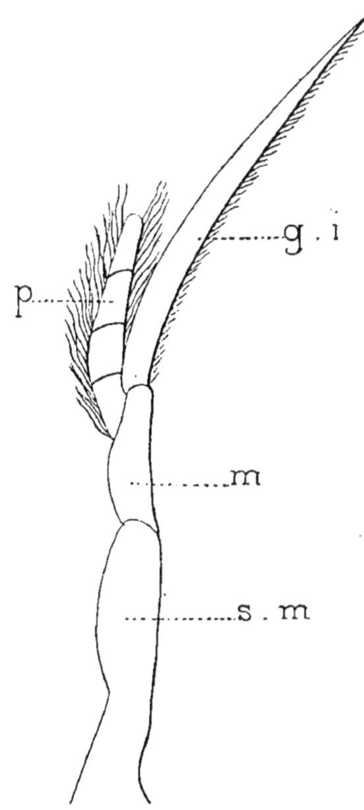

Fig. 40. — *Eristalis tenax,* Mâchoire : *s. m,* sous-maxillaire ;
m, maxillaire ; *p,* palpe maxillaire ; *g. i,* lame galéo-intermaxillaire.

dispositions propres aux diverses pièces maxillaires.

La base est ici nettement scindée en deux régions
qui s'unissent sous un angle plus ou moins marqué.

La plus inférieure de ces régions (fig. 40, *s. m*), assure l'articulation totale de la mâchoire ; elle répond à son sous-maxillaire qui se déploie sous l'aspect d'un prisme allongé et irrégulier.

Au-dessus, vient le maxillaire (fig. 40, *m*), plus court et assez fortement incurvé. Il donne insertion aux deux appendices de la mâchoire.

De ces appendices, l'un est interne, grêle et effilé ; l'autre est externe, lamelleux, plus ou moins claviforme.

Le premier (fig. 40, *g. i*), qui détermine l'aspect général et ensiforme de la mâchoire, est composé essentiellement par le galéa avec lequel se confond l'intermaxillaire. Très réduit, celui-ci forme le bord interne et sétigère de cette longue soie mixte, galéo-intermaxillaire.

Quant au second appendice, il répond au palpe maxillaire. De même que le stylet galéo-intermaxillaire s'insère immédiatement sur le maxillaire, sans l'intermédiaire d'un sous-galéa ; de même, le palpe maxillaire se fixe directement sur le maxillaire, sans qu'un palpigère vienne s'intercaler entre ces pièces.

Le palpe maxillaire est composé de plusieurs articles (quatre le plus fréquemment). Chacun de ces articles est large et allongé, revêtu de nombreux poils.

Le lieu d'insertion du palpe maxillaire est ici non moins intéressant que chez les Insectes précédents.

Émergeant de la partie supérieure du maxillaire, au même niveau et au côté externe de la lame galéo-intermaxillaire, le palpe permet de préciser la nature et l'origine de celle-ci ; il affirme, avec la plus haute évidence, des rapports qui seront moins tangibles dans la plupart des autres Diptères et dont l'interprétation y a souvent suscité de nombreuses divergences.

Aussi les Eristalides offrent-ils un vif intérêt pour cette délicate analyse morphographique ; leur étude fournit, sous ce point de vue, les plus précieuses indications.

Nul type ne relie mieux les Insectes précédemment considérés à ceux qui vont être décrits. Le labre, les mandibules et le labium permettent de l'établir ; les mâchoires le démontrent avec une entière évidence.

Tout en tendant à se rapprocher incontestablement, elles conservent encore leur indépendance. D'autre part, elles offrent une élongation des plus marquées ; elles présentent une conformation lamelleuse et l'analyse met hors de doute la nature galéaire de cette lame.

La constitution de la mâchoire oblige donc à considérer l'Eristale comme un type de passage.

Afin de ne pas trop multiplier les sujets d'obser-

vation, je passe immédiatement à l'examen de l'un
des Diptères le plus souvent étudiés dans son armature buccale, bien que celle-ci soit encore assez
diversement interprétée.

Quand on jette un coup d'œil rapide sur la région
céphalique du *Culex pipiens*, on ne distingue tout
d'abord qu'une sorte de gaine, ouverte supérieurement, et dans laquelle glisse un faisceau de soies.
Elles sont au nombre de six, quoique plusieurs auteurs n'aient cru devoir en mentionner que cinq.
Comparées entre elles, ces soies ou lames offrent
plusieurs dissemblances dans leur forme et leur
insertion.

A ce dernier point de vue, il en est une qui se distingue aussitôt des autres stylets buccaux : fixée sur
l'épistome, elle s'avance au-dessus d'eux comme
une lame étroite, terminée par un petit fer-de-lance
et portant latéralement des barbules qui s'arrêtent à
quelque distance de son extrémité libre ; par sa situation, par le lieu de son insertion, par ses rapports généraux, cet organe représente le labre.

Au-dessous de la lèvre supérieure, ainsi modifiée pour constituer une véritable arme, se grou-
pent quatre stylets qui se répartissent en deux paires
faciles à distinguer : l'une d'elles est formée par deux
stylets ou soies dont l'extrémité porte une petite scie
curviligne armée de dents acérées ; les deux autres

stylets s'élargissent vers cette même extrémité, de manière à y figurer une lancette à bords tranchants.

Ces derniers organes représentent les mandibules. Quant aux stylets de la première paire, ils figurent les mâchoires et se réunissent inférieurement par une région commune. Cette base est assez courte pour pouvoir être méconnue dans un examen rapide, tandis qu'une observation attentive permet de la distinguer nettement.

Pour terminer la description de l'appareil buccal, il convient encore de mentionner une soie qui a souvent échappé aux observateurs : leur excuse est dans la gracilité de cet organe ; il doit être d'autant moins négligé que son interprétation a soulevé de vives divergences.

Savigny voulait le rapporter à l'hypopharynx, rapprochement admis par quelques-uns de nos contemporains ; Westwood le considérait, au contraire, comme formé par le labium (1) ; cette opinion, adoptée par H. Milne-Edwards (2), paraît seule conforme à la réalité des faits.

On peut même préciser davantage, et ne pas se borner à représenter ce stylet comme répondant à la « languette » ainsi que le faisait Westwood.

(1) Westwood, *Introduction to the modern Classification of Insects*, 1840, t. II, p. 508.

(2) H. Milne-Edwards, *Leçons sur la Physiologie et l'Anatomie comparées de l'homme et des animaux*, 1859, t. V, p. 331.

La languette proprement dite, c'est-à-dire la région maxillaire du labium, ne concourt qu'à former la base de ce stylet dont la lame, sétiforme et allongée, se trouve constituée par la partie galéaire et intermaxillaire du labium.

Reste enfin à déterminer la gouttière ou gaîne qui s'avance à la partie inférieure de la région buccale et sur laquelle glissent les lames qui viennent d'être analysées. Elle appartient incontestablement au labium, mais c'est à tort qu'on a voulu voir encore ici une dépendance de la languette.

La languette, on ne saurait trop le répéter, prend simplement part à la formation de la base commune à cette gouttière et au stylet décrit en dernier lieu; quant à la gaîne ou gouttière, elle est due à la fusion des deux palpes labiaux réunis sur la ligne médiane. H. Milne-Edwards, l'un des premiers, a nettement établi cette origine, que l'observation confirme pleinement.

Si je crois nécessaire de décrire incidemment, en raison des débats qu'elle a soulevés, la constitution générale de l'appareil buccal du *Culex pipiens*, je n'en dois pas moins insister sur le point spécial de mes recherches actuelles, c'est-à-dire sur la mâchoire et ses pièces formatrices.

Ainsi que je viens de l'indiquer, les mâchoires ne

sont plus distinctes comme chez l'Eristale ; elles sont rapprochées par leur partie basilaire.

D'une interprétation difficile, lorsqu'on se borne à l'examen des seuls Culicides, cette base devient fort aisée à déterminer quand on a, pour se guider, les notions déduites de l'organisation propre aux Eristalides.

Dans ce dernier groupe, la base de chaque mâchoire apparaît comme nettement due à l'union du sous-maxillaire et du maxillaire. Que les régions basilaires, ainsi formées, se rapprochent l'une de l'autre, unissant les deux mâchoires par leurs supports articulaires, et l'on aura la disposition propre aux Culicides.

De même, rien n'est plus facile que de préciser l'origine des lames qui, émergeant de cette base commune, représentent les parties indépendantes et actives des mâchoires.

Chacune d'elles répond au galéa maxillaire ; comme dans la mâchoire des Eristales, ce galéa forme ici la pièce prééminente, directrice, de l'organe.

On a vu que, chez les Eristales, l'intermaxillaire concourait à constituer la lame ou stylet. On le retrouve de même chez les Culicides, intimement accolé au galéa, s'associant à lui pour compléter le stylet maxillaire, et affirmant sa présence, mieux encore que chez les Eristalides.

Dans la mention succincte que je donnais plus haut

des mâchoires du *Culex*, je signalais une lame dentée, en forme de scie, à leur partie libre et terminale.

Cette disposition ne rappelle-t-elle rien lorsqu'on la rapproche des caractères fondamentaux de l'intermaxillaire? N'évoque-t-elle pas le souvenir de la « lacinia » qui ne cessait de s'y présenter, dès le groupe des Broyeurs?

Ainsi que je le faisais observer, rien ne montre mieux la haute valeur de la morphographie comparée que l'enchaînement même qui vient ainsi constamment rapprocher ses données, affirmant l'intime parenté qu'elles révèlent entre les organes, entre les pièces formatrices. Quelles que soient les modifications qu'elles subissent, quelles que soient les adaptations auxquelles ces parties doivent se prêter, toujours on peut aisément et sûrement établir le processus évolutif qui en assure la réalisation.

Plusieurs autres Diptères en fourniraient une démonstration tout aussi évidente.

De ce nombre sont les Simulides. On connaît le vif intérêt qu'elles présentent pour l'histoire naturelle médicale et vétérinaire: en raison de leur action nocive, elles se rapprochent étroitement des Culicides.

Comme les Cousins, les Moustiques, etc., les Simulies perforent les téguments pour humer le sang ; mais leur piqûre est infiniment plus redoutable, laissant des traces beaucoup plus douloureuses et beaucoup plus durables.

A la pénétration des stylets de la Simulie, succède une dermatose eczémateuse qui provoque une vive inflammation des oreilles et autres parties du Cheval, etc., sur lequel s'est fixé l'Insecte.

Je ne rappelle ces faits , que pour permettre de pressentir la similitude générale qui doit s'observer entre l'appareil buccal du Cousin et celui de la Simulie, corrélativement à l'identité presque absolue qui se manifeste dans le mécanisme même de leur piqûre.

La mâchoire, puisque je limite mes études actuelles à cet organe, la mâchoire offre effectivement une constitution fort analogue dans les deux types. Chez la Simulie, elle reproduit, presque exactement, les dispositions qu'elle présentait chez le Cousin ; on y constate cependant diverses particularités qui revêtent, au double point de vue de l'analyse morphographique et de la détermination respective des pièces maxillaires, une signification des plus dignes d'attention.

Au-dessus de la région basilaire, sur laquelle je ne saurais revenir sans rappeler des détails déjà énoncés, s'élèvent deux appendices, l'un externe, l'autre interne.

L'appendice externe figure un palpe maxillaire, mais très réduit, semblant subir une atrophie compensatrice du grand développement offert par l'appendice interne.

On est manifestement ici en présence d'un de ces « balancements organiques » sur lesquels Serres se plaisait à insister et dont la notion a peut-être été trop rapidement méconnue.

Pour s'en convaincre, il suffit de rapprocher, du petit palpe précité, la lame que je me suis borné à mentionner plus haut sous le nom d'appendice interne

Très longue, multiarticulée, elle répond essentiellement au galéa ; sur son côté interne, l'intermaxillaire se distingue difficilement. C'est bien le galéa qui forme, seul ou presque seul, la grande soie représentant la partie principale de l'organe, celle qui lui imprime son aspect caractéristique et lui permet de fonctionner suivant le mode d'action qui lui est assigné.

Pour cette double considération, le type Simulie acquiert une importance particulière. Constamment négligé, à peine mentionné au point de vue nosologique, ce Diptère fournit les plus précieux enseignements à l'anatomie philosophique.

Il ne permet pas seulement d'entrevoir quelle sera

la véritable pièce directrice de la mâchoire ; il révèle, entre le galéa et le palpe maxillaire, une étroite parenté. Celle-ci s'exprime ici par la physionomie toute spéciale de la lame galéaire, comme par la singulière inversion qui se produit entre le développement de cette lame et l'extrême réduction du palpe maxillaire.

Rarement l'analyse morphographique affirme plus nettement la sûreté de sa méthode, la féconde extension des résultats auxquels elle conduit et des conclusions qui s'en dégagent tout naturellement, par l'évidence même des faits.

Chez les Tabanides, l'armature buccale rappelle en plusieurs points celle des Culicides, bien que certaines descriptions semblent éloigner profondément ces types.

Le labre est encore grêle, effilé ; au-dessous de lui se déploient les mandibules, lamelleuses et allongées ; puis viennent les mâchoires, reconnaissables à leurs palpes ; elles sont suivies d'une pièce impaire et médiane dont la détermination a provoqué de vives discussions et dont la nature a été très diversement interprétée. Savigny l'assimilait à l'hypopharynx, tandis que Newport la rapportait à la languette ; ces deux opinions doivent être abandonnées, bien que la seconde soit plus voisine de la vérité.

La langue ou hypopharynx représente, on le sait, une simple dépendance du plancher de la cavité buccale ; elle peut s'appliquer sur la base du labium, paraitre même s'associer à celui-ci sans jamais se confondre réellement avec lui, qu'elle figure d'ailleurs une simple crête à peine saillante, ou qu'elle devienne libre sur une étendue plus ou moins considérable.

Or, si l'on examine les rapports de la pièce qui complète inférieurement l'armature buccale des Tabanides, on constate que, par ses rapports et par sa situation, elle ne saurait être regardée comme l'homologue de la langue ; elle possède une signification toute différente.

Faut-il en conclure que l'opinion de Savigny devenant inacceptable, on doit adopter les vues de Newport? Pas précisément, et pour s'en convaincre, il suffit de rappeler l'exacte signification de la languette, à laquelle l'entomologiste anglais voulait assimiler ce stylet.

La lèvre inférieure, j'ai déjà eu l'occasion de le rappeler à diverses reprises, est portée par une base complexe : à sa partie initiale ou profonde, cette base est formée de deux pièces unies sur la ligne médiane pour constituer l'espèce de socle désigné depuis Latreille sous le nom de « menton »; à ce menton succède un autre segment, dans lequel se confondent également deux pièces rapprochées pour constituer la « languette »; tel est le terme consacré et l'on ne saurait l'appliquer à d'autres parties sans amener une grave confusion. Sur cette languette s'insèrent les pièces galéaires et les palpes labiaux.

Il suffit de considérer, même sommairement, l'appareil buccal des Tabanides, pour reconnaître que les palpes labiaux s'insèrent au-dessous du point d'émergence du stylet en question.

Celui-ci ne saurait donc être décrit comme représentant la languette qui concourt à peine à former sa base : il est constitué par la fusion des galéas et des intermaxillaires du labium.

Seize ans se sont écoulés, depuis la publication des recherches dans lesquelles je formulais ces conclusions (1); toutes les publications postérieures les ont confirmées, et j'ai eu la très vive satisfaction de voir les divers auteurs reproduire les descriptions que j'ai données de l'appareil buccal, d'abord chez les Tabanides, puis chez les Culicides, les Eristalides, etc.

Aussi n'ai-je plus à insister sur l'ensemble de l'armature orale, mais sur les dispositions propres aux mâchoires. Ici encore ce sont les galéas qui, par leur élongation, déterminent la forme de l'organe et

(1) Joannes Chatin, *Sur la constitution de l'armature buccale chez les Tabanides*, 1880. — Id., *Recherches sur les organes tactiles des Insectes et des Crustacés*, 1885.

lui permettent, en même temps, de fonctionner suivant le rôle qui lui est assigné.

Dans le groupe tout spécial des Muscides, on retrouve de même cette prééminence du galéa. Malgré les profondes transformations que subissent les mâchoires, parallèlement aux aspects tout nouveaux revêtus par les mandibules et le labium, on constate que cette pièce ne cesse de réclamer une incontestable prééminence dans la généralité des actes évolutifs qui se succèdent pour modifier l'organe maxillaire, dans ses formes générales comme dans ses adaptations fonctionnelles.

QUATRIÈME PARTIE

LA PIÈCE DIRECTRICE

De l'ensemble des faits qui viennent d'être exposés ou plutôt résumés, car je me suis attaché à n'insister que sur ceux qui étaient particulièrement instructifs, se déduisent des notions dont il est facile d'apprécier l'intérêt.

Les premiers chapitres, consacrés à l'étude des Insectes Broyeurs, y ont fait connaître la constitution de la mâchoire. Chez les Coléoptères, comme chez les Orthoptères, etc., cet organe ne cesse d'offrir une réelle complexité.

Huit pièces entrent dans sa formation : 1° sous-maxillaire ; 2° maxillaire ; 3° palpigère ; 4° palpe maxillaire ; 5° sous-galéa ; 6° galéa ; 7° intermaxillaire ; 8° prémaxillaire.

Leur importance est fort inégale, au point de vue morphologique, comme au point de vue fonctionnel.

Trois d'entre elles sont peu constantes, partant secondaires : le palpigère, le sous-galéa et le pré-maxillaire se trouvent dans ce cas.

Des cinq autres pièces, deux forment la base de la mâchoire ; ce·sont le sous-maxillaire et le maxillaire. Le premier assure l'articulation de l'organe sur la région céphalique voisine ; le second porte les appendices qui s'y insèrent médiatement ou immédiatement.

Les rares auteurs qui ont consacré quelques pages, plus souvent quelques lignes, à l'examen morphologique de la mâchoire, ont parfois considéré cette région basilaire comme en représentant le « corps ».

Tantôt cette expression s'appliquait à l'ensemble formé par le sous-maxillaire et le maxillaire ; tantôt elle désignait seulement cette dernière pièce. Je l'ai parfois employée avec cette acception, me réservant de la préciser ultérieurement. On peut, dès maintenant, prévoir quelles réserves devront être formulées à ce sujet.

Les « appendices » de la mâchoire sont au nombre de trois, savoir de dehors en dedans : 1° le palpe maxillaire ; 2° le galéa ; 3° l'intermaxillaire.

Ainsi que je viens de le rappeler, leur insertion est tantôt immédiate sur le maxillaire, tantôt médiate. Dans ce dernier cas, elle se fait par l'intermédiaire

de deux des pièces secondaires précitées : le palpigère s'intercale entre le maxillaire et le palpe ; le
sous-galéa supporte le galéa et l'intermaxillaire.

Examinés dans leur conformation extérieure, ces
trois appendices offrent des aspects fort dissemblables.
Le palpe est généralement grêle, assez allongé, composé de plusieurs articles. Le galéa, presque toujours
plus court que le palpe, ne compte guère que deux
articles au maximum ; sa courbure est fréquemment
caractéristique, rappelant celle d'un cimier ou d'un
casque, d'où son nom.

L'intermaxillaire est surtout remarquable par la
« lacinia » qui hérisse de dents, de soies, etc., son
bord interne. Cette lacinia n'est jamais aussi accentuée sur la mâchoire que sur la mandibule, mais
n'en constitue pas moins une particularité très notable, qu'elle soit ou non complétée par la présence
d'un prémaxillaire.

Limitée aux Broyeurs, l'étude des appendices conduirait à une appréciation fort inexacte de leur valeur
respective : le palpe apparaissant comme la principale
de ces parties, on serait naturellement tenté de lui
accorder une importance de beaucoup supérieure à
celle des deux autres appendices.

Ce serait une conclusion pleinement en désaccord
avec la réalité des faits, tels que les présente l'analyse morphographique. Elle établit que le palpe n'est,

à tout prendre, qu'un organe secondaire ; il ne tardera pas à perdre la supériorité, toute relative d'ailleurs, qu'il semble posséder chez les Broyeurs. L'étude des Insectes Lécheurs et Suceurs va permettre de s'en convaincre promptement.

Les Hyménoptères forment, à cet égard, une série fort intéressante. Quand on en groupe méthodiquement les différents termes, on obtient une progression des plus complètes : débutant par des types qui rappellent étroitement les Broyeurs, elle achemine peu à peu l'observateur vers des formes qui sont entièrement comparables à celles dont les Suceurs offriront maints exemples.

Chez les *Vespa*, les diverses pièces de la mâchoire reproduisent des dispositions semblables à celles des Orthoptères et Coléoptères ; cette impression demeure identique, soit que l'on considère l'organe dans sa totalité, soit qu'on examine isolément ses diverses parties.

Le maxillaire y semble de beaucoup la pièce essentielle ; de même, le palpe maxillaire apparaît encore comme l'appendice principal.

Les choses demeurent sensiblement dans le même état chez le *Microgaster* et le *Gonatopus*, bien que l'importance du maxillaire semble décroître dans ce dernier genre.

Les appendices affectent les mêmes rapports respectifs, et le palpe demeure le premier d'entre eux par les dimensions, etc.

Sous ce point de vue, le *Xyphidria* est particulièrement digne d'attention. Sans doute, le palpe y possède encore des caractères analogues à ceux qu'il offrait chez les types précédents, mais un autre appendice tend à s'accentuer rapidement.

C'est le galéa, jusqu'à présent assez réduit, presque secondaire. Dans la mâchoire du *Xyphidria*, il prend un développement imprévu, tout nouveau.

La mâchoire du *Bracon* présente encore un palpe très allongé; le galéa y acquiert, d'autre part, des dimensions notables et s'accole sur toute sa longueur à l'intermaxillaire; double tendance qui va s'accentuer promptement et ne tardera pas à réaliser des effets tels que la mâchoire s'en trouvera totalement modifiée.

On peut facilement s'en rendre compte en examinant les *Perilampus*, *Cephus*, *Megachile*, etc.

Chez les *Perilampus,* galéa et intermaxillaire sont intimement soudés; en outre, le galéa subissant un allongement des plus marqués, provoque la formation d'une lame mixte, galéo-intermaxillaire.

Dans le type qui vient d'être cité, cette lame montre la trace de sa dualité originelle : une suture médiane y marque, en effet, la frontière du galéa et de l'inter-maxillaire. On a, sous les yeux, un état de passage qui ne tardera pas à s'effacer.

La preuve en est fournie par la mâchoire des *Cephus* et des *Megachile*.

Chez ces Hyménoptères, le galéa et l'intermaxillaire sont étroitement rapprochés, totalement confondus dans la longue lame qui devient, dès maintenant, la partie principale de la mâchoire.

Le maxillaire ne forme plus qu'un socle basilaire ; le palpe est réduit à une ébauche des plus minimes. La prééminence passe à d'autres pièces, surtout à l'une d'elles, qui la conservera chez les différents Insectes Suceurs.

On voit tout l'intérêt que présente, pour la mor-phographie analytique de la mâchoire, l'étude des Hyménoptères. C'est, par excellence, le groupe in-termédiaire ; il unit progressivement le type classique des Broyeurs aux formes spéciales des Lépidoptères, Hémiptères, Diptères, etc.

Certaines des mâchoires qui viennent d'être rap-pelées chez plusieurs Hyménoptères, tels que les

Cephus et les *Megachile*, permettraient de passer immédiatement à l'examen des mêmes organes chez les Lépidoptères; on pourra reconnaître, en effet, l'intime parenté qui existe entre ces types, considérés comme si profondément dissemblables. Toutefois, et en raison même de cette dernière considération, j'ai cru préférable de les relier par le groupe des Phryganes, groupe trop généralement négligé, quoique son étude morphologique apporte des faits précieux pour l'interprétation des dispositions propres aux types qui vont suivre.

On a vu combien l'analyse de la mâchoire se montrait, à cet égard, particulièrement féconde. Pour l'établir, il suffit de résumer l'ensemble des caractères qui ont été exposés plus haut.

Au-dessus de la région qui répond au maxillaire, s'élève une sorte de tige qui forme la partie principale de l'organe.

Son développement est très variable et ses dimensions peuvent se réduire dans une large mesure, sans qu'elle cesse de présenter un réel intérêt.

L'analyse morphographique permet aisément de la rapporter à sa véritable origine : due à l'union du galéa et de l'intermaxillaire, elle témoigne des effets que réalise déjà l'intervention des tendances signalées chez les Hyménoptères étudiés en dernier lieu.

Ces tendances sont au nombre de trois : 1° réduction du « corps » de la mâchoire ; 2° fusion de son galéa et de son intermaxillaire ; 3° élongation de la pièce mixte ainsi formée, et de nature surtout galéaire.

De tels faits sont d'autant plus intéressants à signaler chez les Phryganides, qu'ils se rattachent étroitement à ceux dont la synthèse formera la caractéristique essentielle des Lépidoptères.

Pourquoi faut-il ajouter que c'est surtout en abordant l'étude de cet Ordre qu'on est frappé des lacunes offertes par la théorie de Savigny ?

L'illustre naturaliste a enrichi la science de notions inappréciables et hautement fécondes. Son nom ne cessera jamais d'être glorieusement cité parmi ceux des fondateurs de l'anatomie morphologique. Nul n'ignore quelles souffrances paralysèrent ses recherches et l'empêchèrent d'achever son œuvre.

Ce n'est donc pas en faire la critique que de constater qu'elle demeure incomplète. Rien de plus intéressant que de savoir la spiritrompe des Papillons formée par les mâchoires ; mais comment légitimer cette origine, comment homologuer les diverses parties de l'appareil buccal, si l'on demeure dans une ignorance absolue de tout ce qui concerne les pièces maxillaires ?

Tels sont précisément les points que je me suis efforcé d'élucider dans la série d'observations dont je n'ai plus maintenant qu'à grouper les résultats principaux.

Pour la spiritrompe, comme pour plusieurs autres organes buccaux, on avait admis, *à priori*, que le rôle essentiel devait être dévolu au maxillaire.

Les grandes dimensions que celui-ci acquiert chez beaucoup de Broyeurs, l'importance que lui avaient accordée Audouin, Kirby et Spence, Brullé, etc., en le considérant comme la *tige*, le *stipe* ou le *corps* de la mâchoire, avaient singulièrement contribué à répandre cette opinion. Les faits sont loin de la justifier.

Pour les observer rigoureusement, pour leur rendre leur véritable signification, il est indispensable de soumettre la spiritrompe à une minutieuse analyse morphographique, poursuivie selon la méthode que j'ai indiquée, c'est-à-dire par voie de dissections successives.

En procédant ainsi, on arrive à mettre en évidence les pièces qui constituent les parties principales, prééminentes de l'organe. Ce ne sont nullement les maxillaires des deux mâchoires qu'elles représentent ; ce sont les galéas.

Les intermaxillaires se confondent avec eux et c'est seulement, en quelques cas rares, qu'on peut en retrouver la trace. Presque toujours l'intermaxillaire, fort réduit, s'unit si étroitement avec le galéa que les plus minutieuses investigations sont impuissantes à déceler l'indice d'une frontière ou d'une suture entre l'un et l'autre.

La spiritrompe est donc de nature galéaire et cette conclusion est doublement intéressante.

D'une part, elle fixe la science sur un point longtemps controversé ; d'autre part, elle se précise par les données que fournissent les types précédents et par l'analyse des diverses pièces maxillaires comparées chez les Lépidoptères.

En ce qui regarde les notions empruntées à l'anatomie des Hyménoptères et des Phryganides, je ferai observer que, seules, elles permettent de se rendre compte des modifications subies par le galéa pour s'adapter à la fin nouvelle qui lui est assignée.

Pour ce qui a trait aux rapports des diverses parties de la mâchoire, leur importance est tout aussi manifeste. Comment affirmer la nature galéaire de chacune des moitiés de la spiritrompe, si l'on n'établit ses connexions avec le sous-maxillaire et le maxillaire qui la portent, avec le palpe qui émerge du niveau même où elle s'insère sur la base ainsi constituée ?

Enfin, je dois rappeler l'extension que reçoivent ces résultats par la lumière qu'ils jettent sur les diverses parties de l'appareil buccal, pris dans son ensemble.

En effet, dès le début de mes recherches, avant de déterminer la valeur respective des pièces maxillaires, n'ai-je pas dû différencier nettement les mâchoires du labre et des mandibules? Plusieurs faits, nouveaux pour l'histoire de ces organes, ont été ainsi recueillis; pour être incidentes, ces contributions n'en sont pas moins dignes d'attention.

C'est ainsi que le labre, si secondaire en apparence, si généralement négligé dans les descriptions classiques, présente de curieuses particularités.

Témoignant d'une évidente dualité, il ne saurait être considéré comme une simple écaille, encore moins comme une scutelle cuticulaire. S'allongeant visiblement dans le sens postéro-antérieur, il reflète une tendance importante à relever.

Elle s'esquissait chez quelques Hyménoptères (*Helorus*); elle s'affirmera bien davantage chez les Hémiptères et les Diptères; aussi est-il fort intéressant de pouvoir la mentionner chez les Lépidoptères.

De même l'obligation, dans laquelle on se trouve, de préciser l'existence et le lieu d'insertion des palpes maxillaires, conduit à d'instructives constatations. La présence de ses appendices est mise hors de doute, tandis qu'ils se trouvent rigoureusement distingués des palpes labiaux.

C'est là un double résultat dont on ne saurait nier

l'importance. Chez les Lépidoptères, en effet, les palpes maxillaires ont été tantôt méconnus, tantôt confondus avec les palpes labiaux sous le nom de « barbillons ».

L'indépendance de ces deux paires d'appendices ne peut plus être mise en doute; nouvel exemple de l'intérêt qui s'attache à de telles observations, non seulement pour la morphographie analytique de la mâchoire, mais pour l'histoire générale des armatures buccales considérées dans les divers Ordres de la Classe des Insectes.

S'il était nécessaire de l'établir par des preuves aussi démonstratives, on pourrait immédiatement les demander aux Hémiptères.

N'ai-je pas dû, tout d'abord, avant d'entreprendre l'étude de leur mâchoire, rechercher l'origine et le mode de formation du rostre qui abrite les stylets mandibulaires et les stylets maxillaires?

En ce qui regarde ceux-ci, je serais en droit de reproduire les considérations que j'exposais au sujet des Lépidoptères. Les recherches antérieures avaient laissé dans l'ombre tout ce qui avait trait au mode de formation de la lame effilée, représentant la seule partie active de l'organe. Associée à l'étude du développement, la méthode des dissections successives en montre clairement l'origine.

Lorsqu'on examine ainsi le stylet maxillaire isolé, on est frappé de la similitude qu'il offre avec cette sorte de sonde cannelée qui représente, dans le Papillon, chaque moitié de la spiritrompe, c'est-à-dire une des deux mâchoires rapprochées par leurs bords pour constituer l'organe d'aspiration.

Qu'il s'agisse du stylet de l'Hémiptère ou de la sonde cannelée du Lépidoptère, toujours on distingue les deux mêmes régions : 1° région basilaire; 2° région effilée ou lamellaire.

Ce n'est pas seulement par l'aspect, c'est aussi par leur constitution respective que s'exprime la parenté de ces organes.

Dans les deux cas, la base répond au sous-maxillaire et au´ maxillaire accolés; la région lamelleuse (excavée en gouttière chez le Lépidoptère, sétiforme chez l'Hémiptère) est essentiellement galéaire.

Je dis « essentiellement » et non « uniquement » galéaire, parce qu'en certains cas on y retrouve la trace de l'intermaxillaire; mais celui-ci n'offre jamais qu'une faible importance.

La notion des rapports que contractent entre elles les diverses pièces, reparait avec la même valeur et les mêmes conséquences que chez les Lépidoptères. A l'exemple de ce qui se présentait pour ceux-ci, on ne saurait établir la nature galéaire de la partie lamelleuse, si l'on ne pouvait invoquer les données fournies par les relations et le lieu d'insertion du palpe maxillaire.

A la vérité, de nombreux Hémiptères seraient infructueusement interrogés sous ce rapport, le palpe maxillaire. y faisant défaut ; mais il suffit qu'on le retrouve chez quelques types pour que la démonstration soit faite. Le *Cicada orni* s'y prête aisément et c'est à dessein que j'ai insisté sur ce type, ne pouvant songer à multiplier les exemples spécifiques dans un travail dont le cadre est trop limité pour recevoir tous les détails qui seraient de nature à y trouver utilement place.

Parmi les divers groupes de la Classe des Insectes, il n'en est certainement aucun qui puisse être comparé aux Diptères pour l'intérêt que présente à l'anatomiste l'étude de l'armature buccale.

Les nombreuses variations du régime, les profondes modifications qu'elles impriment à l'appareil, les divergences qu'a soulevées son interprétation, tout en fait un sujet des plus attachants ; mais à la condition de choisir convenablement les types, de les bien sérier, de n'en poursuivre l'étude qu'après avoir minutieusement analysé les transformations et adaptations du même organe chez les Broyeurs, les Hyménoptères, les Phryganides, les Lépidoptères, les Hémiptères.

En suivant une telle méthode, en s'inspirant de semblables principes, on ne tarde pas à recueillir nombre de faits normaux, en même temps que l'on voit se dégager, en pleine lumière, les questions demeurées le plus constamment obscures et incertaines.

Les Éristales, avec leurs mâchoires distinctes et séparées, forment le passage entre l'ensemble de types précédents et les Diptères chez lesquels ces organes tendent à se rapprocher plus ou moins complètement.

Cette coalescence s'observe à des degrés variables, chez les Culicides, Tabanides, etc.; j'en ai trop récemment montré les effets pour avoir à y insister de nouveau.

Non moins intéressante est la constitution intime des mâchoires examinées isolément.

Très allongées, conformées en manière de soies, de stylets, ou de lames barbelées, elles offrent toujours la même composition dans cette partie libre et active. Elle représente le galéa, auquel s'associe un intermaxillaire plus ou moins rudimentaire, plus ou moins reconnaissable; on trouve donc ici une disposition semblable à celle qui s'observait chez les autres Suceurs.

Si j'avais à exposer les liens qui unissent morphologiquement les mâchoires au labium, je pourrais facilement établir leur intime parenté en invoquant les faits nouveaux qui découlent de ces études sur l'armature buccale des Diptères.

D'une part, la coalescence qui vient si fréquemment rapprocher leurs mâchoires en une base commune, apporte une preuve irréfragable de l'origine maxillaire du labium. On a hésité souvent à considérer celui-ci comme assimilable à une paire de mâchoires, en rappelant l'indépendance que celles-ci conservent dans la généralité des Insectes. Une telle objection devient indéfendable en présence des formes propres aux Diptères, chez lesquels j'ai montré comment les mâchoires, d'abord distinctes, viennent peu à peu se réunir pour former un « menton » intégralement comparable à celui du labium.

On a vu, d'autre part, que la partie libre et lamelleuse du labium est formée par les pièces homologues de celles qui s'unissent pour constituer la même région de la mâchoire ; dans les deux cas, elle est galéo-intermaxillaire.

C'est ainsi que, par une voie nouvelle, se trouvent légitimées et précisées les vues de Savigny sur l'origine de la lèvre inférieure.

Telle n'est pas cependant la conclusion dernière de cette série de recherches. Elles avaient pour objet de déterminer, par les voies de l'analyse morphographique la pièce directrice de la mâchoire.

On peut maintenant la discerner sûrement et apprécier, en même temps, la haute valeur des faits révélés par l'étude comparative des différents Ordres. Non seulement les données fournies par les seuls Broyeurs seraient impuissantes à résoudre la question, mais elles entraîneraient fatalement à de graves erreurs.

Chez le Broyeur, en effet, la prééminence appartient au « corps » de la mâchoire et l'on serait tenté de considérer le maxillaire comme la pièce maîtresse de l'organe, tandis qu'il est simplement chargé d'en compléter la base et d'assurer certaines articulations.

On commence à le pressentir dès le groupe des Hyménoptères : la région somatique s'atténue devant l'importance acquise par la région appendiculaire. D'autre part, les trois membres de celle-ci modifient leur valeur respective : le palpe s'efface peu à peu devant le galéa; double balancement organique dont on ne va pas tarder à apprécier les remarquables effets.

Ils se manifestent déjà, dans ce même groupe, avec les dispositions propres aux *Cephus* et aux *Megachile*. La mâchoire est notablement transformée; rien ne rappelle la physionomie qu'elle revêtait chez les Broyeurs ; pourtant c'est une seule pièce, le galéa, qui, s'accroissant peu à peu, a déterminé ces aspects nouveaux, réduisant les autres pièces à un rôle secondaire.

Ce sont les mêmes tendances qui, intervenant chez les Phryganes, y réalisent des formes d'autant plus intéressantes qu'elles relient les précédentes à celles qui caractérisent les Lépidoptères.

Que représente morphologiquement chacune des deux lames excavées dont le rapprochement constitue le spiritrompe du Papillon? Elle répond au galéa, accompagné du plus immédiat de ses satellites, de l'intermaxillaire qui, depuis le groupe des Hyménoptères, cesse d'être autonome et vient compléter la lame galéaire.

C'est encore celle-ci qui forme le stylet de l'Hémiptère et la soie, plus ou moins barbelée, du Diptère. Le maxillaire est, depuis longtemps, réduit au rôle de simple assise basilaire, et la haute valeur du galéa, seule pièce directrice, se dégage nettement de l'ensemble des faits qui viennent d'être résumés.

Ils ne modifient pas seulement la conception classique de la mâchoire; ils comportent une extension rapide aux autres organes buccaux, sans devoir peut-être légitimer toujours les affinités encore admises par l'anatomie zoologique. Ainsi s'ouvre une nouvelle série de recherches dont j'espère pouvoir publier prochainement les résultats.

TABLE DES MATIÈRES

5290-96. — CORBEIL. Imprimerie ÉD. CRÉTÉ.